U0241310

仙人掌植物百科

厦门市园林植物园　组编

李兆文　张万旗　主编

中国农业出版社

北　京

编 委 会

序

　　仙人掌是一类非常奇特的植物类群。其约有110个属近2 000个种（李振宇，2017），目前我国约引种有80个属600 ～ 700个种。

　　自20世纪50年代起，国内的植物园和园林部门就开始进行较系统的仙人掌科植物引种和应用。尤其是厦门市园林植物园，自建园便把仙人掌与多肉植物作为重中之重来抓。但好景不长，1966—1976年，受外界影响，这种外来植物濒临绝迹。到了20世纪80年代，植物园的仙人掌与多肉植物又如同"星星之火"有了一定的发展，90年代更是发展的黄金时期。现今，厦门市园林植物园在其引种、生产、园林应用与栽培技术研究方面已取得了前所未有的进步。

　　随着时代的发展，仙人掌与多肉植物爱好者越来越多，厦门市园林植物园的多肉植物区（含仙人掌植物），因其三个不同类型的室内展馆和40 000多米^{2}的露天仿生态种植区，常让人流连忘返。如今，多肉植物区每年接待数以百万计的中外游客，知名度不断提升，不仅是厦门市园林植物园一个主要的专类园区，而且成为厦门市有名的"网红打卡点"，更是对外开放并展示风采的重要文明窗口、科普基地之一。

　　2011年，时任多肉植物区负责人的王成聪编写了《仙人掌与多肉植物大全》一书，对仙人掌与多肉植物

PREFACE

进行了总结，一度成为国内爱好者青睐的著作。如今，为了让更多人深入地了解植物园乃至国内的仙人掌科植物，现任多肉植物区负责人李兆文，从专业结合科普的角度，系统地从特征、分类、起源、分布、文化、栽培与应用等方面论述了仙人掌科植物，编写《仙人掌植物百科》，既有概括性论述，又有针对性种及种下分类单位的详细讲解，理论联系实际，对大部分爱好者来说都是难得的有益资料。

陈瑞之

2021 年 4 月 12 日

前　言

　　仙人掌科植物算不算多肉植物？这是很多人的疑问。从广义概念上讲，仙人掌科植物也是多肉植物的一类，但在园艺学上，它们被区分开来，通常被称为"仙人掌与多肉植物"。

　　我国古籍对仙人掌科植物的介绍极少，现已知1688年的《花镜》和1848年的《植物名实图考》有对一种掌状茎节种类的简单描述，除此之外并没有留下其他详细资料。19世纪20年代前后，开始有人从日本引种和栽培仙人掌科植物，最初只是归国华侨种植个别种，后逐渐扩大到各个属，爱好者也日益增多，甚至有一部分早期引入的植物因多种原因成为逸生种。19世纪50～60年代，国内多肉植物种植有了初步发展，包括厦门市园林植物园、中国科学院植物研究所植物园、南京中山植物园和上海龙华苗圃（即上海植物园前身）在内的少数几个植物园，也有了较系统的引种规划。

　　如今，厦门市园林植物园在仙人掌科植物引种、生产、园林应用与栽培技术研究方面都取得了前所未有的进步，在系统研究了该类植物的形态特征和生物学特性基础上，勇于创新，不断改进栽培基质配方、嫁接技术、实生苗栽培技术、大苗移植与防台（风）抗倒技术、珍稀种类的繁殖技术等，以及在国内首次实现武伦柱（*Pachycereus pringlei*）、土人之栉柱（*Pachycereus pecten-aboriginum*）等的播种繁殖，首创户外规模化种植仙人掌科植物，打造专业的仙人掌与多肉植物景观；为我国多肉植物的推广与应用做出了卓越贡献，也为国内众多植物园、爱好者及商家提供了理论和实践依据。

　　本书由厦门市园林植物园编写。以厦门市园林植物园多年来对仙人掌科植物的学术研究、

FORE

栽培技术及应用推广为基础，对仙人掌科植物的形态特征、分类历史、文化用途、栽培繁殖及应用推广等进行系统的描述，并从厦门市园林植物园所收集的仙人掌科植物中选择60属150余种（含变种、品种）。感谢厦门市市政园林局与厦门市园林植物园各级领导在工作及撰稿过程中给予的支持和关心。

承蒙陈榕生、谢维苏、王成聪、汪兆林、成雅京、邢全、陈庭、吴叶候、寿海洋、揣福文等多位老师对本书不遗余力的支持和指正，深表谢意；同时感谢乡下人园艺有限公司、龙海市嘉龙园艺有限公司、福建省仙卉园林有限公司等企业对本书提供的帮助；特别感谢由中国科学院华南植物园牵头，国内多家植物园共同参与的《中国迁地栽培植物志》项目编撰委员会及顾问委员会所提供的帮助，该项目仙人掌卷的编写，也让笔者对仙人掌科植物有了更深的了解，给笔者打下了编写本书的基础，甚至从一定意义上来说，本书是《中国迁地栽培植物志·仙人掌卷》的延伸与拓展。

沿袭我国植物学界及园艺学界多年来对仙人掌科植物的认知习惯，本书中的物种分类参考David Hunt（以下简称Hunt）的仙人掌科分类系统，部分地方做了修改。因笔者水平有限，书中难免存在不足之处，恳请读者斧正。

李兆文

2020 年 12 月 3 日

目　录

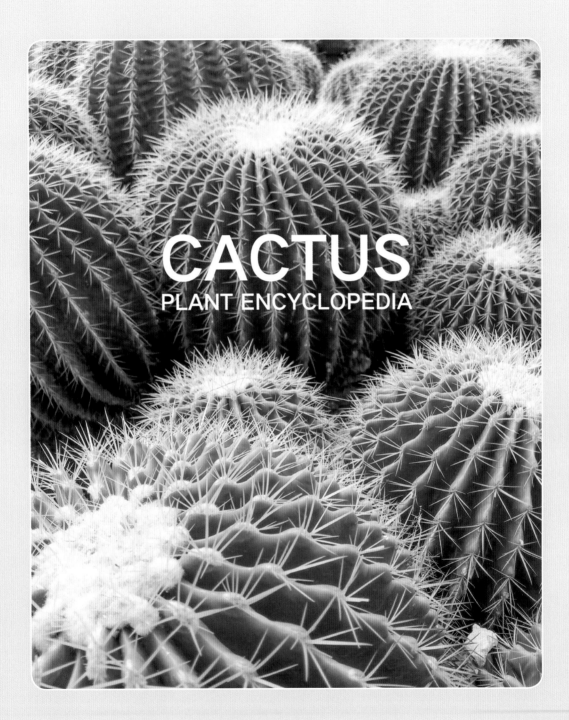

CACTUS
PLANT ENCYCLOPEDIA

第一章
植物学特性及分类

一、形态特征

长期以来，无论是厦门市园林植物园的游客们，还是国内的许多植物爱好者，都对仙人掌的原产地、它们如何在干旱气候中生存、它们与其他植物的相同与差异等有着浓厚的兴趣，提出了诸多问题。了解仙人掌科植物的形态特征，是解答这些问题的关键，更对该类植物进化关系的确定具有重要意义。

原产地的大多数仙人掌科植物，长期处于干旱或半干旱气候条件下，营养器官发生了很大的变化。不同于其他双子叶植物，除了叶仙人掌属（*Pereskia*）、仙人掌属（*Opuntia*）等少数属种还具有正常的扁平叶或退化的圆筒叶外，其余大多数属种的叶片都已完全消失，故而它们常以肥厚多汁的绿色变态茎来进行光合作用。

（一）茎

仙人掌科植物的肉质茎内部结构类似于典型的双子叶植物，由表皮、皮层和维管系统组成，表皮常见角质化。该类植物形态各异，大小不一，既有直径仅0.5～1厘米的松露玉（*Blossfeldia liliputana*），也有高2～3米、直径0.8～1米的金琥（*Echinocactus grusonii*）、巨鹫玉（*Ferocactus peninsulae*）等；更有高10米以上的巨人柱（*Carnegiea gigantea*）、武伦柱（*Pachycereus pringlei*）等；攀缘状的量天尺（*Hylocereus undatus*）、夜之女王（*Selenicereus macdonaldiae*）等还可以延伸更长。它们有的耸立如高塔，有的分枝如灯台，有的形体似山峦、弯曲如蛇虫，更有变态茎呈扁平叶状，如昙花（*Epiphyllum oxypetalum*）、令箭荷花（*Disocactus ackermannii*）、蟹爪兰（*Schlumbergera truncata*）等，常被人将茎误认为是叶子。

❶ 松露玉　❷ 蟹爪兰
❸ 巨鹫玉　❹ 巨人柱　▶

夜之女王

植物学家认为，具叶的仙人掌科植物是比较原始的类型，而关于仙人掌科植物的形态，植物学家和园艺学家乃至爱好者都做出了相当大的努力来描述。有的植物学家将其简单描述为球状、攀缘、下垂、叶状、柱状及集群。Hunt（1989）则列出了13种不同的茎的形态，包括：（1）宿存叶腋有毡毛状的花萼；（2）茎柱状，未分节，圆柱状的叶，落叶；（3）茎圆柱状，未分节，叶小，无刺；（4）茎扁平，分节，无刺；（5）茎具二翼，未分节，刺仅着生于边缘；（6）茎扁平，分节；（7）茎细长，圆柱状；（8）茎长，圆柱状；（9）茎球状，顶端开花区域通常密被长毛；（10）茎球状至短圆柱状，群生；（11）茎扁圆球状，五棱；（12）茎具疣突，叶莲座状；（13）茎具乳头状疣突。国内学者及爱好者则习惯以球状、圆筒状、柱状、掌状、扁平叶状、灌木状等来描述这类植物的茎。

为适应环境，多数仙人掌科植物叶片退化成圆筒状或脱落减少蒸腾作用；它们膨大的肉质茎的表皮和内层具储水组织；而同等表面积下，球状体积最大，能贮存更多水分。所以球状、圆筒状的仙人掌科植物大多生长在荒漠、半荒漠或其他较干旱地区，而一些具叶的种类和扁平状茎叶、细柱状种类则生长在相对湿润的地区，这是长期对环境适应的结果。

▼多种类型的仙人掌科植物

▲ 多种类型的仙人掌科植物

（二）小窠

仙人掌科植物与其他植物的最重要区别在于"小窠"（areole），也称为刺座、刺窝、网孔等，通常由腋芽变态而来，常呈圆形或椭圆形。除着生刺外，部分仙人掌科植物的小窠上也着生钩毛、绵毛或丝毛，还有的会着生花芽、叶芽以及子球。

（三）刺

仙人掌科植物的刺着生于小窠上，在分类和观赏方面都有一定的意义，根据其生长位置可分为中刺和周刺。刺的长短不一，通常中刺较长，周刺较短，也有刺极短或退化至无刺的种及品种。刺的形态各异，有的状如圆锥，有的细如发丝，有的弯如鱼钩，有的利如锯齿。刺色丰富，有黄、白、黑、褐、紫等，新刺色泽艳丽，老刺则较为灰暗。刺的数量、长短及颜色有时也随栽培环境的不同而变化。

（四）棱

仙人掌科植物的棱，也具有独特的分类学意义。棱常见突出于肉质茎的表面，不同的种类，棱的形态和数量也不同。这种棱状结构具有收缩性，在水分充足时，它能膨胀储水；在水分不足时，则收缩变薄。同时棱也具有一定的支撑植株生长的作用。

（五）疣突

疣突也称瘤突，是仙人掌科植物中某些种类变态茎上的一种肉质突起，有的是由棱转化或着生于棱上。有半球状、圆锥状、斧头状、肉质叶状等多种形态，是部分仙人掌科植物适应干旱环境而形成的一种独特构造。

仙人掌科植物的小窠、刺、棱、疣突

（六）根

大多数仙人掌科植物的根埋在土壤表层以下，不同种类具有不同形态的根，但通常都具有一个紧密的根系，使它们能迅速地吸收水分。部分仙人掌科植物的主根膨大，具储水功能，如乌羽玉属（*Lophophora*）、龙爪玉属（*Copiapoa*）等；一些攀爬型仙人掌具有大量的地下根，看起来像块根，如块根柱属（*Peniocereus*）等。

（七）花

仙人掌科植物都会开花，且很多种及品种的花极具观赏性。花形有漏斗形、喇叭形、管状、圆筒状等，花色有白、粉、红、黄、橙、紫红等多种颜色，有的还具有金属光泽。多数仙人掌科植物在天气晴朗的白天开花，夜间闭合；也有部分种及品种在夜间开花；更有极少数种及品种即使在阳光下花蕾也不绽放，闭花授粉。

乳突球属花

锦绣玉属花

海胆球属花

（八）果

　　大多数仙人掌科植物的果实都是浆果，其形状有球状、椭圆状、棍棒状、倒卵状等。很多种及品种都可食用，更有个别品种因果实含糖量较高、肉质鲜美而被作为常见水果栽培，如量天尺属的火龙果。有的种类果实上还附有小窠，能长出匍匐茎，因而果实脱落后能很快长出新的植株，甚至也有在果实上再开花结果的。

形状不一的果实

（九）种子

　　仙人掌科植物种子形态各异，有圆形、椭圆形、倒卵形等；不同种类种子大小不一，如仙人掌属、强刺球属（*Ferocactus*）等的多数种类种子都较大，乳突球属（*Mammillaria*）、毛柱属（*Pilosocereus*）等种类种子都较小。

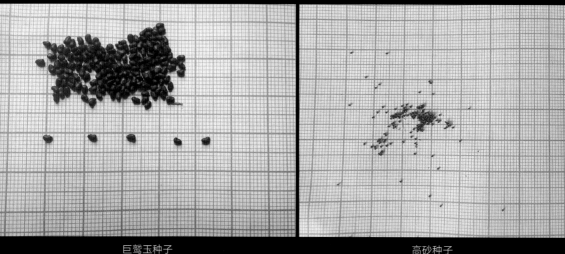

巨鹫玉种子　　　　　　　　　　　　　　　　高砂种子

（十）自然变异

　　缀化（crest）和石化（monstrous）都是仙人掌科植物常见的自然变异。其中，缀化通常表现为植物顶部生长锥分生组织大量增多，并横向发展为线状、波浪状或扁平扇状的畸形，如绯花玉缀化、龙神木缀化。而石化则是不规则的生长锥分生促使植株的茎、棱不规则错乱，长成类似岩石或山峦的畸形，如山影拳等。这两种自然变异丰富了观赏植物的内容，在园林景观中常被运用。

龙神木缀化

▼ 山影拳石化

除了缀化和石化外，另一种常见的变异是斑锦化（variegata）。斑锦变异通常是由植物体内的有色色素诱发，可使仙人掌科植物具有红、橙、黄、白、紫等多种颜色变化，甚至有的植物集红、橙、紫等多种色泽于一体，五彩斑斓，奇趣无比。园艺学家与爱好者们又根据植株斑锦变异的不同形态给予了条纹斑、龙凤斑、虎纹斑、鸳鸯斑等多种称谓。由于叶绿素的大量缺失，斑锦化品种通常需要进行嫁接，以保证光合作用。

斑锦化仙人掌

龙凤牡丹（龙凤斑锦）

　　仙人掌科植物的缀化、石化与斑锦化现阶段都为自然变异，难以人工控制，故而概率较低，也更显稀有和名贵。其中，除了山影拳、绯牡丹及一些星球属品种能进行播种繁殖外，目前大多依托嫁接和子球扦插繁殖。即使采用播种繁殖，大多数后代体态、颜色、斑点也与母本相去甚远。

二、分类

　　众多仙人掌爱好者都想知道自己所种植的仙人掌叫什么名字，但这并不是一件容易的事。我国先前对这类植物的认知，主要借鉴于日本的资料，许多中文名都是由日文翻译而来，还有一些中文名是由拉丁学名直译而来。此外，至今依然有一大部分仙人掌还没有正式中文名，如乳突球属、鹿角柱属、裸萼球属的众多种及变种；也有一部分因引用途径不同，造成了名称的不规范，尤以变种或品种为甚，如金鯱属的金鯱，原中文正式规范写法为"金鯱"，但后来流通简化为"金琥"；又如，同为乳突球属的银手指（*Mammillaria vetula* Mart.）和白鸟（*Mammillaria herrerae*），常被混淆为同一植物。也有同一种植物在不同的地方，甚至同一个地方的不同区域有多个不同的名字，或者同一个名字被使用在多种植物上，如量天尺、霸王花等；更有一些杂交品种没有确切的名称。于是，除了中文名外，拉丁学名就成为认识植物的一个重要途径。拉丁学名是目前国际通用的学名，对于辨种很有益。

白　鸟

▲银手指

（一）国际分类简史

对仙人掌科植物的认识和研究，可以追溯到1496年的哥伦布远航。他的船队将美洲的几种原生仙人掌带回欧洲，引起了极大的轰动。在之后六七百年间，随着种类的不断发现，对仙人掌科植物的分类也越来越复杂，争议也一直存在。

大多数仙人掌科植物都是肥厚肉质带刺的，导致其在标本制作上的困难；而同一种仙人掌科植物在不同地区的不同环境下长势可能差异极大，或者同一植株在不同生长时期的形态差异较大，不同分类体系所侧重的依据不同，也成了仙人掌科植物在分类上的困难。比如，之前载入文献的仙人掌科植物学名居然有14 000个以上，而其中有一大部分是同种异名。

美国植物学家爱德华·安德森（Edward F. Anderson，以下简称Anderson）认为，仙人掌的最早记录者可能是贡萨洛·费尔南德斯·德·奥维耶多（Gonzalo Fernández de Ovideo，1478—1557年）。因为在他编写的关于自然与遗传历史的书籍中多次提到仙人掌科植物。其他关于仙人掌的早期重要著作还有《Badanus mamuxcript》（1552年）和《Ane Hertal》（1552

年），在这些书中，作者会用一些地方性的名称来形容仙人掌，如nocheli，来源于西班牙语nopal和nopalea（胭脂掌属仙人掌），而现今部分仙人掌科植物的学名来源也与之类似。

在之后漫长的发展过程中，仙人掌从美洲被带到欧洲，再传到世界各地。到了18世纪，关于仙人掌科植物的记载仍寥寥无几。1753年，瑞典著名自然学家、当代植物与动物命名法奠基人卡尔·冯·林奈（Carl von Linné），也仅对22个仙人掌科植物进行了描述，且在《植物种志》中，将所有的仙人掌科植物都归为单一的属，即仙人掌属（Cactus，也有人称为柱状仙人掌属）。另一位英国自然学家阿德里安·哈迪·海沃思（Adrian Hardy Haworth），也就是瓦苇属（Haworthia）的命名人，在《1812年的植物概要》一书中，记录了仙人掌属（Cactus）、团扇属（Opuntia，即现今的仙人掌属）、天轮柱属（Cereus）、昙花属（Epiphyllum）、乳突球属（Mammillaria）、叶仙人掌属（Pereskia）和丝苇属（Rhipsalis）等几个属，这也是昙花属和乳突球属首次被提出。到了1828年，日内瓦植物学家奥古斯丁·彼拉姆斯·康德尔（Augustin Pyramus de Candolle）在《植物界自然系统概论》一书第三卷中就区分了仙人掌科植物7属174种。他曾在1799年出版了四卷本的《肉质植物历史》，是了解多肉植物的先驱者，他提出的"自然战争"概念，对达尔文有很大的启发。

卡尔·冯·林奈　　　　　　　《植物种志》　　　　　　奥古斯丁·彼拉姆斯·康德尔和他的《植物界自然系统概论》

1898年，德国植物学教授卡尔·莫里茨·舒曼（Karl Moritz Schumann，以下简称Schumann）出版了《仙人掌总论》一书，这是第一部详细描述仙人掌科分类的书。书中，Schumann将仙人掌科分为三个亚科，即仙人掌亚科（Cactoideae）、木叶仙人掌亚科（Pereskioideae）和团扇亚科（Opuntioideae）。其中，仙人掌亚科又分为三个部分：Rhipsalideae

（包括 *Hariota*、*Pfeiffera* 和 *Rhpipsalis*）；Mammillarieae（包括 *Ariocarpus*、*Mammillaria* 和 *Pechyphora*）以及 Echinocacteae（包括 *Cephalocereus*、*Cereus*、*Echinocactus*、*Echinocereus*、*Echinopsis*、*Epiphyllum*、*Leuchtenbergia*、*Melocactus*、*Phyllocactus*、*Polocereus* 等剩余的其他属仙人掌），共计21属670种。同期，仙人掌分类历史上最重要的组合——美国纽约植物园园长纳塔涅·洛尔·布里顿（Nathaniel Lord Britton）和美国国家标本馆的 Joseph Rose 教授（以下简称 Britton 和 Rose）在华盛顿卡内基研究所的支持下，考察了墨西哥、美国等欧美国家的仙人掌发源地和收集地，依靠考察和采集的资料于1919年出版了《仙人掌》四卷丛书。不同于以往，这本书依照不同的植株形态来分类，如依照花朵的形态将仙人掌科分为124个更详细的属——在当时引起很多植物学家的反对，认为分类过细，且观察植株远远比观察花朵更直观和便捷，许多人并不采用该分类法，于是很长一段时间里，Schumann 的分类法仍是最流行的。20世纪初，德国植物学家埃之·伯格（Alwin Berger）在 Schumann 的基础上，将仙人掌亚科（Cactoideae）又细分两个部分，共整理了51个亚属。到了1942年，德国园艺学家库特·巴克贝格（Curt Backeberg，以下简称 Backeberg）出版了《仙人掌》一书，之后又于1958—1962年陆续出版了《仙人掌百科》六卷丛书。他结合埃之·伯格的分类基础，又遵循了 Britton 和 Rose 关于小属的分类，再次进行细化，分出了233个属，但由于缺乏各个种的分类依据，这个分类方法被各种质疑，但他最大的贡献是在细致的观察中提供了很多有用的数据来源。

纳塔涅·洛尔·布里顿

《仙人掌》四卷丛书

库特·巴克贝格的著作《仙人掌》

之后，又有奥地利植物学家弗朗兹·巴克斯鲍姆（Franz Buxbaum）花了很多年的时间，在对仙人掌科植物的形态学，尤其是花和种子的研究后，创建出与众不同的一种分类方式。虽然他的研究被战争打断了，但也为众多仙人掌研究者和学者提供了一定的理论依据。

1967年，Hunt应约翰·哈钦松（John Hutchinson）（《被子植物分类系统——哈钦松系统》的发表者）邀请，协助其对《显花植物分属》第二卷进行编撰。在书中，Hunt尝试更清晰地描述仙人掌科植物，他结合Britton、Rose、Backeberg的分类基础，列出了84属约2 000种。尽管Hunt对仙人掌科的分类并不完全令人满意，但他使得原本特别复杂的仙人掌科分类变得相对简单，且确定出更为准确的属和种。

后来，植物学家莱曼·本森（Lyman Benson）、威廉·巴索特（Wilhelm Barthott）等对仙人掌的分类也进行了各自的阐述。1980年，G.D.Rowley又提出一个102个属的分类系统，但其中有21个属是属间杂交而成的新属，原生种归为81个属。而巴克贝格（Backeberg）的追随者，日本园艺学家伊藤芳夫在1988年出版的《仙人掌科大事典》中甚至提出了一个266属的分类，而另一位日本园艺学家佐藤勉在1996年出版的《彩色仙人掌事典》中则将仙人掌科分为3个亚科177个属。

1984—1994年，国际多肉植物研究学会（International Organization for Succulent Plant Study，IOS）通过多次会议讨论和网络邮件表决，逐步采纳了Hunt系统的大多数分类，确定了104个属的仙人掌科植物，即本文主要应用的分类系统。

《仙人掌科大事典》

之后，随着分子生物学的兴起，依照APG分类系统，仙人掌科的多个属又出现了变化。2015年，法国环球探险家Joël Lodé（1988年在法国南特创立Arides协会和Cactus大会，创办《Cactus-Adventures》杂志）在他的《仙人掌科植物分类》一书中，将仙人掌科植物进一步细分。

（二）国内分类简史

除了前言提到《花镜》和《植物名实图考》中有简要的记录外，我国对仙人掌科植物的系统分类研究起步较晚，早期较成型的分类记录见于《广州植物志》。1984年出版的《中国植物志》，记录了在我国南部及西南部归化的仙人掌科植物4属7种。之后，各省市出版的植物志，多有对仙人掌科植物的记载（张永田，1989；高蕴璋，2000；吴征镒，2006）。2010年出版的《深圳植物志》，记载了仙人掌科植物16个属38个种（李振宇，2017）。2012年，由中国科学院华南植物园牵头，国内多家植物园参与编写的，集科普教育、植物资源评价应用等多方面内容的《中国迁地栽培植物志·仙人掌卷》编写研讨会在厦门召开，经多次讨论，由厦门市园林植物园为该卷主要编写单位。该卷共收录仙人掌科植物57属187种（亚种），内容涵盖中文名、别名、拉丁名等分类学信息和自然分布、迁地栽培形态特征、引种信息、物候信息、迁地栽培要点等多个方面。

《花镜》

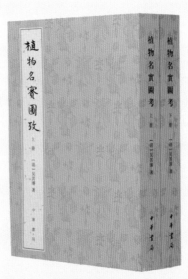

《植物名实图考》

三、厦门市园林植物园的仙人掌科植物发展史

　　厦门市园林植物园是集引种扩繁、科学研究、景观应用、推广应用于一身的综合性植物园。长期以来，如何更好地做好仙人掌科植物的栽培繁殖和技术研究工作，并使之应用于社会，都是植物园领导和工作人员共同的出发点和思考点。经过几十年多代人的积累，植物园的仙人掌科植物种植规模从小到大、从少到多有序发展；种类从单一到科、属、种收集全面拓展；技术从嫁接、扦插、播种繁殖到杂交选育；推广应用从单纯的自身景区应用，到推广至全国各地，最终走向世界，取得了良好的成效。

　　多年来，厦门市园林植物园坚持不懈，不断创新，努力提升景区景观。从建园初期至今的半个多世纪历程中，厦门市园林植物园一直把多肉植物作为重点来抓，而仙人掌科植物则是重中之重，从办公楼顶小小的一隅管理房到如今40 000多米²的室内外展示区，可谓是乘风破浪，开拓进取。其间，厦门鼓浪屿和植物园也一度成为一些爱好者心中的"圣地"。

　　1966—1976年，受外界影响，这种外来植物几乎到了绝迹的边缘，关键时刻厦门市园林植物园原主任陈榕生先生把这类植物及时转移到了部队寄养，才劫后余生。到了20世纪90年代，正逢国内仙人掌科植物发展的黄金时代，随着全国的花友们开始留意起这类新奇植物，它们的影响力也逐渐扩大。2004年秋，在综合分析国内外相关植物园的基本情况后，根据厦门得天独厚的地理气候条件，厦门市园林植物园首次提出将部分多肉植物，包括大量的仙人掌科植物用于露地栽培并进行园林造景艺术的探索，建立了国内最大的多肉植物室外展示区，该区的建成是我国多肉植物在园林应用推广上的一次重大突破，所总结的种植经验为众多植物园、爱好者、商家提供了理论实践基础。

　　在此之后，又陆续对仙人掌植物展馆及露天区域不断进行改造，更替老旧植株，更换培养基质，调整景观；尤其在2016—2017年的"莫兰蒂"台风灾后重建工程中，利用资源区繁殖的仙人掌与多肉植物对景区内景观进行了调整，以金鯱、鬼面角等仙人掌科植物构建框架和景观，为展区新增了多道靓丽的风景。2017年9月，在央视新闻《相约金砖之厦》栏目："厦门走透透：神奇的植物在哪里？探访厦门园林植物园"节目的报道中，半小时的仙人掌与多肉植物介绍，给全国人民乃至世界人民留下深刻的印象，现场观看视频直播人数近千万。

厦门市园林植物园还积极促进国内各植物园、公园、景区在仙人掌科植物上的交流互动。深圳仙湖植物园、重庆南山植物园、中国科学院华南植物园及南宁市人民公园等的多肉植物区建立或仙人掌多肉植物栽培区都得到了厦门市园林植物园的援助或技术指导。与中国科学院植物研究所植物园、北京植物园、上海植物园、上海辰山植物园、南京中山植物园等其他植物园也长期保持交流与合作关系。

厦门市园林植物园多次代表福建省或厦门市参加展览，屡获佳绩。1999年参加昆明世博会，大型室内展览"生命之歌"荣获金奖；2008年参加香港花展，一举夺得最高奖——最具特色园林奖；2016年参加唐山世界园艺博览会，荣获国内园综合类特等奖；2019年，在福建省林业局、厦门市市政园林局、福建省林木种苗总站的领导和支持下，厦门市园林植物园承担了中国北京世界园艺博览会中国展区福建馆厦门阶段的建设任务，以仙人掌与多肉植物为布展材料，一举斩获87个奖项……近年来，更是将仙人掌与多肉植物的园林应用推向公共场所，如厦门海悦山庄、厦门会展中心酒店、厦门市人民会堂西侧（厦门市外国语学校门前）等。

厦门市园林植物园的发展历程是一个曲折的过程，又是一个成长的过程。如前言所说，仙人掌科植物在我国的发展历史较短，屈指数来不到百年。但在这短短百年内，却得到了突飞猛进的发展。如今，无论是大型景观建设，还是展览温室，又或是街头小景、家居小品，以及屋顶绿化、盆栽种植等，到处都可见这类植物的身影。这其中，厦门市园林植物园也贡献了自身的一份力量。

第二章

起源与分布、文化与用途

一、起源与地理分布

许多人潜意识里认为仙人掌是非洲沙漠里的植物。而依照《The Cactus Family》（Edward F. Anderson，2001）、《仙人掌大全——分类、栽培、繁殖及养护》（艾里希·葛茨等著，丛明才等译，2007）、《仙人掌类及多肉植物》（徐民生等，1991）等资料的介绍，目前已知的仙人掌科植物，除了极个别种如产自马达加斯加岛的珊瑚丝苇（*Rhipsalis coralloides*）、多刺丝苇（*Rhipsalis horrida*）等附生种类外，其余种类原产地均为美洲，其中又以墨西哥的种类最多。可见，大多数仙人掌科植物是典型的新大陆"住民"。

一些古地理学家和古植物学家认为，公元前2.5亿年，地球上只有一个超级大陆——泛大陆，或称盘古大陆（pangaer）。从公元前1.3亿年左右（白垩纪早期），随着盘古大陆的不断解体，非洲和南美洲逐渐形成。通常认为，在这个阶段，被子植物逐渐取代裸子植物，开花植物首次出现。Mauseth认为，仙人掌科起源于公元前1亿年左右。然而，Hershkovitz和Zimmer通过对叶绿体DNA的研究，认为这类植物出现在3 000万年前。大多数植物学家认为，仙人掌科植物起源中心是南美洲大陆，当时的南美洲大陆与今天的情况是大不相同的。在仙人掌科植物起源的时候，安第斯山脉还未形成，南美洲西北部的许多地域仍是湿热性热带雨林气候，或有季节性干旱气候，但并未形成荒漠区。

到了约533万年前的上新世，随着安第斯山脉的形成，南美洲大陆的自然环境发生了巨大的变化，热带雨林生境不断缩小，雨林周边出现了热带荒漠疏林和热带稀疏草原。为了适应气候变化，仙人掌科植物开始出现

巨人柱属

变异，它们的营养器官产生了很大的变化，外形也不断改变，种类日趋丰富。上新世以后，北美洲已与亚欧大陆分开，和南美洲重新相连。由于冰川及其他因素促成了南北美洲的植物迁移，该类植物也通过中美陆桥移入墨西哥等地，并持续向美国西南部迁移。

如今，原生地的仙人掌科植物广泛分布于南北美洲的许多地区，从北纬56°14′的加拿大不列颠哥伦比亚省和平河附近到南纬50°的阿根廷巴塔哥尼亚地区；往西则从大陆边缘延伸至约1 000千米的加拉帕戈斯群岛（或称科隆群岛），往东约400千米到巴西的费尔南多-迪诺罗尼亚岛。它们的海拔分布也很广，从海平面到安第斯山脉海拔4 500米的区域都可见这类植物。依照地域和气候差异，旱生型仙人掌科植物主要可归纳为三个区间：（1）以墨西哥和干旱的美国西南部的仙人掌科植物群落分布区间，主要有龙爪玉属、摩天柱属（Pachycereus）等；（2）以安第斯山脉西部，包括秘鲁、玻利维亚、智利、阿根廷在内的仙人掌科植物群落分布区间，主要有青铜龙属（Browningia）、锦绣玉属（Parodia）、海胆球属（Echinopsis）[依照亨特的分类方法，南国玉属（Notocactus）并入锦绣玉属，毛花柱属（Trichocereus）并入海胆球属]；（3）以巴西东部、东北部的仙人掌科植物群落分布区间，主要有天轮柱属（Cereus）、尤伯球属（Uebelmannia）等。前者为北部区间，后者都为南部区间。而附生型仙人掌科植物主要有两个分布区间：（1）以巴西东南部的大西洋热带雨林及玻利维亚部分区域为主的分布区间，主要有丝苇属（Rhipsalis）；（2）以中美洲森林为主的分布区间，主要为量天尺属（Hylocereus）。

❶ 海胆球属　　❷ 锦绣玉属

❸ 丝苇属　　❹ 量天尺属

青铜龙属

天伦柱属

二、文化与用途

数万年来，人类在从东往西的迁徙与开发过程中，遇到了各种各样的仙人掌，也形成了各式各样的习俗与文化——有的作为食物，有的作为工具，甚至还有的作为精神寄托。

（一）文化价值

在墨西哥有这样的传说，很久以前，阿兹特克人（墨西哥人数最多的一支印第安人，也被称作墨西哥人或特诺奇人）浪迹天涯，找不到栖身之所。一天，他们得到神灵的指引，神说："如果你们能找到一个地方，那里有一株仙人掌上站着一只鹰，鹰的嘴里叼着一条蛇，那么这个地方就是你们的家。"

依照神的意旨，阿兹特克人历尽千辛万苦，终于找到这株仙人掌，从此驻扎下来繁衍生息。于是鹰和蛇被印在了墨西哥的国旗上，而仙人掌则象征了这个国家的美丽富饶。如今墨西哥更被称为"仙人掌王国"。

（二）食药用价值

墨西哥原住民们在美洲生活了世世代代，有两种仙人掌科植物在他们的生活中扮演了极其重要的角色，那就是乌羽玉（*Lophophora williamsii*）与圣佩德罗仙人掌（*Echinopsis pachanoi*），它们体内的生物碱对人体具有致幻作用。

乌羽玉是一种小型仙人球，无刺，原产于墨西哥北部和得克萨斯州南部，它的致幻作用源自体内的生物碱。根据研究，乌羽玉球体内有超过50种生物碱，但其中起关键作用的是麦司卡林（mescaline），也被称为三甲氧苯乙胺，即我们常说的仙人掌毒碱。据报道，将

乌羽玉

乌羽玉的种子、球茎等碾成粉末口服后，通常会出现嗜睡、恶心、呕吐、致幻等症状，常被运用于早期的宗教仪式。

此外，在一些报道中曾记载，美国科学家发现乌羽玉含有抗癌成分，对治疗肺癌有一定效果。日本科学家对此进行了分析和研究，发现乌羽玉中的生物碱会杀死部分癌细胞和人体正常细胞。圣佩德罗仙人掌在国外也有被用于医疗，包括酗酒和精神疾病的治疗。

巨人柱作为世界上最壮观的仙人掌科植物之一，对美国本土居民的重要性由来已久，并将一直持续着。1848年，W. H. Emory上校在一份边境报告里第一次提到了这种植物，并将其拼写为suwarro，之后这个词逐渐变为saguaro，而pitahyay这个词在西班牙语里也被用来指一种或几种柱状仙人掌极其果实。

Anderson在书中提及，有证据表明，与阿纳萨齐人同时代的霍霍坎人和锡那瓜人食用过巨人柱的果实，有时也用枯死的巨人柱的茎作为住所的结构顶梁。霍霍坎人还会用巨人柱的刺在贝壳上刻画、雕刻，创作艺术品。

巨人柱开花

巨人柱小苗

1540年，西班牙探险家弗朗西斯科·巴斯克斯·德·科罗纳多（Francusco Vásquez de Coronado）。在美国西南部和墨西哥北部发现了大型仙人掌及印第安人。这些印第安人喝着由一种开花如石榴的柱状仙人掌果实酿造的酒。笔者猜测，那有可能就是巨人柱。而到了现代，仍有部分印第安人会食用这类柱状仙人掌的果实，或者用其果实来酿酒。

用仙人掌果实酿酒

除了柱状仙人掌，掌状仙人掌也被列入早期的北美原住民食谱。比如我们所说的梨果仙人掌（Opuntia ficus-indica），也称无花果仙人掌、印第安无花果仙人掌，就是北美原住民的重要食物来源。到了16世纪，它传入欧洲，逐渐被广泛栽培。依照杜克和瓦斯奎兹的记载，除了食用以外，它也被用作防护篱笆，或被当成食品容器，在治疗咳嗽、糖尿病、口腔科疾病等方面也有一定的作用。

然而，它最独特的经济价值在于它是胭脂虫的主要寄主之一。胭脂虫（Dactylopius coccus）是介壳虫的一种，用它可以提取一种叫作胭脂虫红（carmine）的天然色素，这种色素被广泛运用于食品、服装、唇膏等生活用品上。2012年著名的"星巴克害虫着色剂"事件，说的就是这种半翅目烟蚧科烟蚧属的小虫子。

胭脂虫

根据《物种日历》2018年2月3日刊登的《吓死人的多肉介壳虫，居然能吃》一文中描述，胭脂虫对人类来说是一种可利用的经济昆虫，它的雌虫应激会产生胭脂红酸（carminicacid，分子式$C_{22}H_{20}O_{13}$），经过加工后，就能得到猩红色的胭脂虫红，这种蒽醌类色素具有良好的光热稳定性和抗氧化性，也是唯一一种被美国食品药品监督管理局（FDA）批准的既可食用、又可用于药妆的天然色素。

在人工色素合成之前，它甚至一度成为墨西哥的重要出口商品。为了保持市场垄断地位，西班牙人甚至谎称这类色素是由仙人掌果实提炼出来的。

和众多仙人掌一样，胭脂虫原产地也在墨西哥，靠吸食植物汁液为生，还会诱发植物的煤烟病等病害，严重时会造成枝条凋萎或全株死亡。它的主要寄主是梨果仙人掌、胭脂掌等仙人掌科植物，故而对于该类植物来说，它是一种害虫。

此外，还有众多类型的仙人掌科植物也被广泛用于制作食品、药品或生活用品，甚至被当成农作物种植。比如我们耳熟能详的火龙果、昙花等。火龙果是仙人掌科量天尺属量天尺的栽培品种，如今作为水果已风靡各地，后来更有如黄火龙果、红火龙果等被作为水果食用。而昙花的花朵曾作为食物配料或保健品被食用。蛇鞭柱属（*Selenicereus*）的一些种类，含有治疗心脏病的成分，曾被用于制药。当麻阁（*Stenocereus gummosus*），也称树胶爬龙柱，其茎中含有一种有毒成分，墨西哥北部的印第安人长期用它茎内的汁液来麻醉鱼类，进行捞捕。

❶ 火龙果　｜　❷❸ 昙花

❶　　❷

印第安人或一些沙漠地区的人们，有时候也取食金鯱属、强刺球属、仙人掌属等仙人掌科植物的茎，或将其肉质茎内汁液作为新鲜饮用水——事实上，如非必要，这并不是一种好的取水方式，因为从仙人掌肉质茎里能抽取的水分并不算多，且大多带有怪味，甚至有一些仙人掌科植物含生物碱，可能引发一些过敏症甚至中毒。

　　据考究，除了食用、药用以外，在3 500～6 000年前，墨西哥的原住民就开始运用仙人掌科植物大织冠（*Neoraimondia arequipensis*）的刺作为鱼钩来钓鱼。此外，墨西哥人还会收集土人之栉柱的果实，剪掉一边长刺后制作成梳子使用。在南美，锦鸡龙（*Echinopsis chiloensis*）或鹰之巢（*Eulychnia acida*）的干枯茎干也被用来制作雨棒（rainstick，一种乐器，起源于南美土著，原是土著祈雨时的法器）。

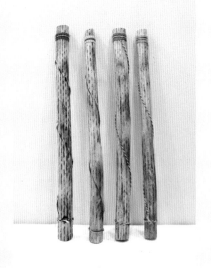

仙人掌雨棒

❸

（三）园艺价值

仙人掌科植物在园艺学上的发展也有着悠久的历史。
15世纪，欧洲人发现仙人掌后，就对它产生了浓厚的兴
趣，尤其欧洲的贵族们很喜欢这类植物。但由于这类植物
大多带刺，一些居住在美国和墨西哥的移民并不是那么喜
欢它，故而出现了地区性的关于这类植物的不同看法。欧
洲、亚洲和其他一些地方的人们对这类植物青睐有加，将
它们作为稀有、美丽的珍品种植或收藏，并培育出新的园
艺品种，到后来逐渐出现规模化的园艺栽培、繁殖和商业
行为。之后，包括美洲在内的越来越多人逐渐喜欢上这类
形态奇特、种类繁多的植物。随着科技的发展和植物爱好
者的增多，仙人掌科植物已随着园艺的发展遍布世界各地，
除了原生地外，尤以欧洲的德国，亚洲的中国、日本最为
昌盛。

巨大的商业利益导致一些植物猎人对原生植物乱采滥
伐，导致了物种的快速减少甚至消失。现在大多数国家也
颁布了严格的法律来限制这些行动，而《濒危野生动植物
种国际贸易公约》（即《华盛顿公约》）更将仙人掌科中多
个属种的植物列入其中。而我们也希望，能有越来越多的
人加入保护和热爱这类植物的队伍当中。

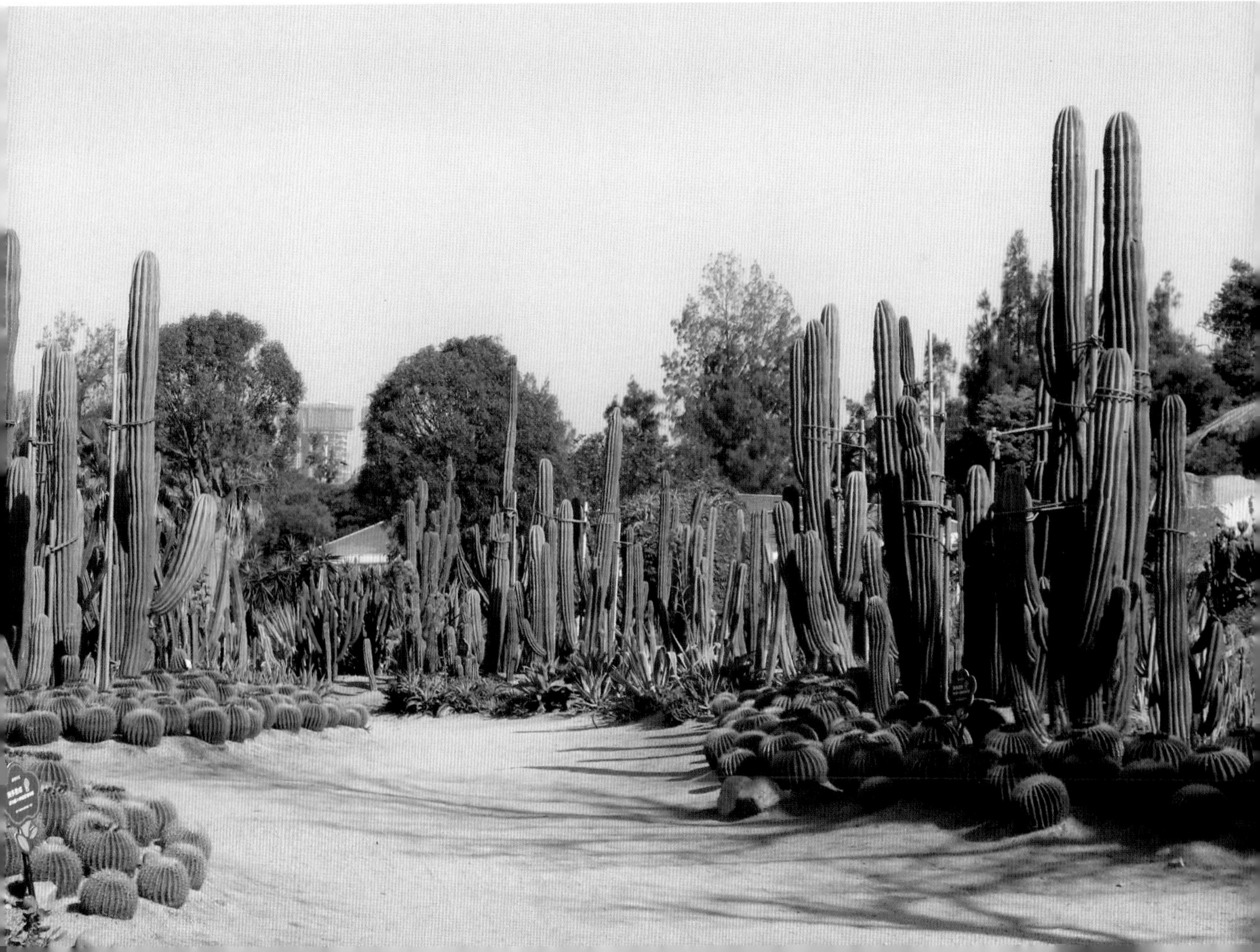

第三章
栽培、管理与繁殖

一、栽培要求

受冻叶片

密生绵毛的老乐柱

（一）温度

植物的生长和发育离不开适合的温度。除茎部近似木质化的种类和高海拔地区生长的部分仙人掌外，目前国内常见的仙人掌科植物大多难以忍受持续的0℃以下低温，持续低温容易导致其发生冻害，引起细胞失水、细胞膜变性、细胞壁破裂甚至死亡。有些种类虽然有一定抗寒性，但也容易因遭受持续低温而出现斑点，影响观赏效果。

另外，尽管大多数仙人掌科植物生长在高温地区，对高温产生了一定的适应性，通过自身生理调节，如密生茸毛、绵毛等方式来减少对阳光的吸收。但并不是说它们就能忍受持续高温。由于高温时仙人掌科植物气孔常关闭，无法通过蒸腾作用来散发热量，故而，在超过40℃高温时，它们大多生长迟缓，甚至进入休眠状态。

对于目前国内繁殖的大多数仙人掌科植物来说，最适合的生长温度在20～28℃。若能在该类植物生长期间保持较大的昼夜温差，一来贴近原产地气候，二来利于有机物积累，对生长更有利。

厦门市地处东经117°53′～118°26′、北纬24°23′～24°54′，全年平均气温21.8℃，为仙人掌科植物的栽培提供了良好的环境，尤其是厦门的春、秋季，极其适合仙人掌科植物生长。

（二）光照

光是植物进行光合作用的能源。植物利用光能同化二氧化碳和水，制造生长所需的糖类，并释放氧气。由于仙人掌科植物往往生长于热带干旱地区，而这种环境的特点是白天炎热、夜晚寒冷，昼夜温差较大，为了在这种环境下生存下来，这类植物经过长期适应和进化发展出一套独特的生存策略，与其他植物的代谢不同，它们的代谢方式是较为特殊的景天酸代谢。这种代谢方式最早于公元1800年前后，科学家（De Saussaure，1804; Heyne，1815）发现于景天科植物，故称之为景天酸代谢（CAM，crassulacean acid metabolism）。夜晚植株气孔打开，进行二氧化碳和水的化学反应，生成有机酸贮存于植物细胞的液泡中，而白天气孔关闭，有机酸分解所产生的二氧化碳和水通过光合作用生成糖类和氧气。

Anderson认为，维持仙人掌生长的最低光照度为2 500勒，适合光照在10 000勒以上，一般在13 000 ～ 15 000勒最为适宜。从整体来说，多数仙人掌科植物都喜欢充足的阳光。厦门四季光照充足，春秋两季气温适宜，植物生长旺盛；冬季日照短，光照相对弱，可让植物多见阳光；夏季阳光强烈，则需要适当地遮阴，通常采用60%遮阳网来防止晒伤。

景天酸代谢过程

（三）水分

大多数仙人掌科植物体内可储水，故而较耐旱，甚至有部分仙人掌科植物即使长期不浇水也不会死亡，但这并不意味着它们喜欢干旱。由于地域差异和气候差异，加上出于植株景观效果考虑，在种植仙人掌科植物的时候，应当依照不同的环境、不同的需求来满足其生长发育，而合理的浇水对仙人掌科植物的生长和观赏性状起着极其重要的作用。通常在生长旺盛期的春秋季，可以多补充水分。而在温度过高的夏季，植物进入休眠或半休眠状态时，则应注意适当控制水分，即使浇水，也要选择相对凉爽的清晨进行，避免因浇水后的强光照射灼伤植物。生长期浇水时通常以盆土浇透浇湿为基准，一次浇透后可待盆土干透再进行下一次浇水；休眠期或半休眠期则适当减少浇水频率。小苗阶段比成苗阶段相对需水多。

（四）土壤

选用哪种基质栽培仙人掌科植物是如今很多爱好者关心的问题。相对来说，仙人掌科植物较耐贫瘠，在原产地常生长在颗粒状碎石类土层。但原产地地广物稀，竞争较少，该类植物可以大范围汲取养分，且一些石缝里、灌木丛下也常有丰富的腐殖质，可以提供一定的养分。

如今，有爱好者揣摩，正是由于产地贫瘠的环境，才导致原产地的部分仙人掌科植物根部特别发达，以利于吸收周边养分；也有人提出，早期仙人掌科植物的形态并非如此，只是为了适应环境才不得不选择性进化，如果产地能给予丰富基质，是否它们在原生地的状态就不一样了呢？

通常，在配制栽培基质时，为了更好地保证成活率和景观效果，可选择排水性好（避免积水）、肥力充足的混合型土壤。可以用粗沙（或颗粒物质）、腐殖土、有机肥按照5:4:1的比例进行配制；或以煤渣、腐殖土、肥料按照一定的比例来配制。如果想让植物生长更倾向于原产地的状态，在配制栽培基质时，可以尽量增加颗粒物质比例。比如有不少人在种植原产地土壤较为贫瘠的岩牡丹属、乌羽玉属等根系发达的仙人掌科植物时，都喜欢大量甚至全部采用赤玉土、火山石、轻石等颗粒型基质进行配比，以求达成一种原生态的模式。该类型在《食石者》一书中有较详细论述，《中国仙人联盟》期刊也有文章对其进行过探讨。

由于很多仙人掌科植物都分布于含石灰岩母质的土层地带，故而它们会分泌一定的有机酸来中和土壤中的碱性，在种植过程中，如有条件，可添加弱碱性物质。在日本，园艺学家常用的弱碱性基质为稻壳灰。

（五）空气

仙人掌种植过程中，需要保持通风良好。如通风不良、温湿度较高，会为螨类、介壳虫或蚜虫提供适合繁衍的环境；也容易因浇水后盆土难以干燥而滋生病菌或烂根。尤其在夏季高温高湿情况下，更容易造成病虫害蔓延，所以栽培环境一定要保证通风透气。

二、栽培管理

（一）季节性调控

除了少数物种外，目前引入国内的大多数仙人掌科植物在我国的大部分地区都无法露天越冬，夏季也有很多种类不能忍受长时间淋雨及暴晒，但它们又喜欢阳光。故而，对大多数地区栽培仙人掌科植物来说防寒和抗暑工作尤其重要，建议放在透光、避雨且保温的地方种植。

在高温的夏季，可采取加强通风、拉遮阳网、喷水洒水等措施进行防护，有条件的可以采用水帘或流动水槽来降温。在低温的冬季，则控制浇水，保持盆土干燥，一些休眠的物种甚至不用浇水，同时尽量多见阳光。北方地区晴天多，居室都有取暖设备，作为家庭种植的少量栽培，只要保证不长期置于户外，越冬问题不大；西南、东南、华南地区冬季通常气温不低于0℃，大多数物种只要控制浇水都能顺利越冬。中原地区及长江中下流地区则建议除控制浇水外，适当搭建保暖温床。

（二）施肥与换盆

❶ 紫砂盆

❷ 陶 盆

春季和秋季通常是施肥和换盆的季节，但偏冷的早春和晚秋也不适合施肥。合理的施肥能促进植株生长和花朵的开放，施肥通常以低氮高磷、含钾有机肥为佳。春季可施2～3次，秋季通常1～2次，尽量在晴朗的上午或傍晚施肥，在施肥前最好进行松土。

翻盆换土工作一般也选择在春、秋季进行。盆器建议以紫砂盆、陶盆最为理想。当然，其他盆器如水泥盆、瓷盆、塑料盆等也可选用，一般盆口直径比植株略大2～3厘米为宜，柱状植株还需要按高度、重心及根系进行适当调整。最好选择在植物休眠期已过，但生长旺盛期尚未到来之前，气温15℃左右时进行翻盆换土。在厦门，常在2月下旬至3月中旬进行仙人掌科植物的换盆，换盆时通常会对植物进行修根，剪去老根后晾干切口，再用提前准备的微湿土壤进行种植。种植时可在盆底加铺一些较大的颗粒，提高透气性和排水性，装土也不宜太满。

（三）病虫害防治

1.常见害虫

根据目前的种植情况，仙人掌科植物常见的害虫以介壳虫和螨类为主。

介壳虫

前文提及的胭脂虫，就是介壳虫的一种，但在常规栽培中较为少见。仙人掌蚧（*Diaspis*）、粉蚧（*Planococcus citri*）和根粉蚧（*Rhizoecus falcifer*）是最常见的危害仙人掌科植物的几种介壳虫。它们主要靠吸取植物汁液为生，仙人掌蚧和粉蚧主要危害茎部，常攀附在植株表面；而根粉蚧则危害根部，在根部留下白色棉絮状分泌物。介壳虫危害能使植物生长不良，并诱发煤烟病，最终导致植物死亡。

介壳虫繁殖能力强，且成虫表面带有蜡质蚧壳，防治相当困难。发生虫害不严重时可以进行人工剔除和洗刷。药物防治则可以用亩旺特、蚧必治、螺虫·噻虫啉、螺虫乙酯、噻虫啉等药物进行喷施，但一定要抓住时机，在刚孵化不久、虫体表面还没被蜡层的时候进行。同时要做好预防工作，如对栽培用土消毒、换盆时检查植株并修根、及时隔离病株以防扩散等。

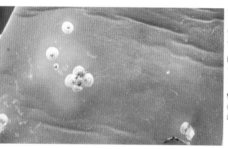

仙人掌蚧

粉 蚧

介壳虫危害状

螨类

常见危害仙人掌科植物的螨类是红蜘蛛（*Tetranychus* spp.），一种蛛形纲蜱螨目叶螨科叶螨属的害虫。红蜘蛛体型小，红色或橙红色，仔细观察肉眼可见。红蜘蛛以口器吮吸植株的汁液，尤其是植株的幼嫩部位和球体表皮较薄的地方，受害植株生长衰弱，且危害处呈现黄褐色斑点。

与介壳虫一样，发生不严重时红蜘蛛也可以进行人工剔除和洗刷。而药物防治可以选择螺螨酯来防治幼虫或卵，用螺虫·噻虫啉、联苯肼酯、乙螨唑、哒螨灵、吡虫啉、阿维菌素等杀虫剂来防治成虫。

在高温干燥、通风不良的环境下，红蜘蛛繁殖及蔓延速度很快，所以改善栽培条件很重要。对于一些通风不良且高温的大棚和温室，要注意加强通风，适当降温。适当喷水，增加空气湿度也可预防红蜘蛛。

2. 常见病害

软腐病

仙人掌的软腐病分为细菌性软腐病和真菌性软腐病。

细菌性软腐病主要危害仙人掌科植物的茎干，该病病原为欧氏杆菌胡萝卜软腐病致病变种 [*Erwinia carotovora* subsp.*carotovora* (Jones) Bergey et al.]，属细菌。该菌在温暖地区无明显越冬期。在寒冷地区主要在病株或未腐烂的病残体内越冬，通过水、肥、昆虫等媒介传播。土壤太湿、温度过高、通风不畅都容易诱发。病发初始表现为不规则水渍状病斑，植株发病点褪绿，继而转为黄色或黄褐色，最后呈黑褐色，由点至面，蔓延后导致茎干腐烂，最终植株死亡。

英冠玉软腐病

真菌性软腐病主要危害根部和茎部，病原通常为尖孢镰刀菌（*Fusarium oxysporum* Schl.），属半知菌类真菌。病菌在病残体或土壤中越冬，极易从表皮或伤口侵入。植株发病初期呈灰褐色或黑褐色水渍状病斑，沿着根茎蔓延而上，最终导致根茎部腐烂，上生白色霉层（菌丝体和分生孢子），且发病部失水干缩，导致植株死亡。

软腐病可用噁霉灵等杀菌剂来进行防治。如果发现得早，可以及时挖除病部，用硫黄粉、代森锌、波尔多液等杀菌药物涂抹伤口，尽快晾干伤口；严重时切掉病部，将健康的部分晾干后扦插或嫁接，或还可以挽救。但有部分发病症状是由内而外，在根部或植株髓部已形成海绵状空洞，继而腐烂，初始时从外部看不出异常，被发现后为时已晚，难以挽救。故而预防很重要，应注意栽培环境的通风、给水量、根系茎部伤口等，有条件的可高温消毒土壤或用药物（如代森锌、波尔多液、高锰酸钾等）对土壤进行消毒。

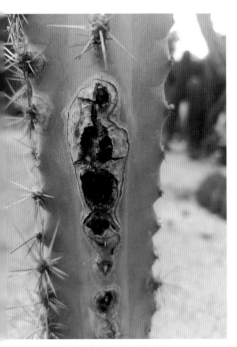

炭疽病为害茎干的症状

炭疽病

仙人掌的炭疽病主要危害植物茎干。该病病原为胶孢炭疽菌（*Colletotrichum gloeosporioides*），属半知菌类真菌。病发时出现水渍状浅褐色小斑，继而由褐色变为灰褐色、灰白色或黑褐色的圆形或近圆形病斑。病斑呈湿腐状下凹，边缘稍微隆起。湿度大时斑面上散生波浪形分布的粉红色或黑色小点（分生孢子）。炭疽病病菌主要以菌生体和分生孢子盘在病残体上越冬或越夏，适宜发育温度为 20～25℃。分生孢子通过病残体、土壤、风雨、人畜、昆虫等媒介传播。该病防治以预防为主，保持栽培场所的通风透气，定期喷施噁霉灵、苯醚甲环唑等杀菌药物，有条件的可高温消毒土壤或用药物（如代森锌、波尔多液、高锰酸钾等）对土壤进行消毒。病发时除喷施药物外，可挖除病斑，包括病斑周边环绕区域；严重时可切除腐烂处，伤口涂硫黄粉或木炭粉，尽快晾干伤口后种植。

煤烟病

仙人掌的煤烟病通常是由介壳虫引发。介壳虫的分泌物易滋生该病病菌。植株感染煤烟病后，肉质茎干表面常见暗褐色小霉斑，继而扩大形成茸毛状的黑色、暗褐色或稍带灰色的霉层，后期在霉层上长出黑色的分生孢子器及子囊壳或刚毛状的长型分生孢子器，犹如煤烟。

煤烟病较为特殊，它可能由不同病菌引起。有些烟煤病病菌通常不侵入植株的内部，也不吸取寄主的营养物质，只是减少叶片的有效光合面积来间接影响植株的生理功能，故而发病时可通过洗刷煤烟来防治；但也有些病菌会吸收病株的营养物质，此时则应以药物防治。通常在无法辨别病菌的情况下，除了加强通风透气以保证良好环境外，还是以清洗配合药物喷施的方式来防治，可选用噁霉灵、苯醚甲环唑等杀菌药物。值得一提的是，由于该病通常由介壳虫的发生引起，且介壳虫本身也会带来危害，所以要及时防治介壳虫。

锈病

仙人掌的锈病常见于高温高湿的环境下，病菌通常为锈病属病菌（*Phragmidium* spp.）。发病时茎干表皮呈现大块锈褐色斑点，并从茎基部往上扩散，严重时整个植株都是黄色的孢子粉层，影响光合作用和呼吸作用，染病部位变黑凹陷，影响观赏，严重时植株萎蔫死亡。对于锈病主要以预防为主，日常栽培中需要注意改善环境，定期施药；病发时，则以百菌清、噁霉灵、丙环唑等杀菌药物来进行防治。

生理病害

仙人掌科植物的生理病害通常是由于环境不良或管理不善引起。环境不良包括土壤过度贫瘠、光照不足、通风不良、气温骤降骤升等；管理不善包括施肥不当、浇水不当等。这类病害会引起植株发育不良、产生不规则斑点等症状，甚至诱发其他真菌类、细菌类等病害而死亡。

在高温高湿、通风不良的情况下，仙人掌病虫害易发，故而除播种及小苗培育的个别闷养情况外，应注意保持栽培环境的通风透气，并建议在进入高温高湿季节前，适量地分次进行药物喷施，以预防有可能已侵入的病原及害虫。

锈病为害茎干症状

茎干生长发育不良

仙人掌科植物的种子数量多，一般用播种繁殖，但在日常栽培过程中，由于气候、年份管理等原因，一部分仙人掌科植物会出现不开花或开花不结果、结果不结籽等现象，故而很多时候需要借助无性繁殖。仙人掌科植物的无性繁殖方法主要有嫁接、扦插及分株繁殖，如今组织培养繁殖也逐渐兴起。

（一）播种繁殖

播种是有性繁殖，一次性可获得数量众多的种苗。仙人掌科植物果实成熟后，及时进行采摘，洗去果肉，获得种子。建议在采摘、洗种、晾干后直接播种为佳，保证其较高的发芽率。如恰逢气候不适或其他突发情况，无法进行播种，则晾干放置在冷凉干燥处贮藏。播种适宜时期通常为晚春至仲秋，适宜温度为20 ~ 25℃，但部分种类需要进行"高温破壳"，在35℃左右乃至更高温环境下进行闷养。整体来说，昼夜温差大对植物发芽出苗更有利。为播种后的花盆或种植槽覆上塑料薄膜以保温保湿，促进发芽，但也不能太湿，保持盆土微潮即可，否则初萌小苗容易患病或滋生青苔。出苗初期植株较弱，温度最好控制在15 ~ 20℃，保证充足的阳光通风透气，且不建议直接浇水，可将盆置于水槽中，从底部往上渗水或从边侧轻缓浇水。幼苗长至过于拥挤时，再进行分盆移植，一般在生长季进行分盆，移植时保持盆土稍微湿润，移苗后1 ~ 2天再浇水。

如是其他地方引入的种子，为预防病虫害、提高发芽率，应在播种前对种子进行消毒，可用1%甲醛或0.5%高锰酸钾溶液浸泡5 ~ 10分钟，沥干后用清水洗净，再晾干进行播种。

（二）嫁接繁育

嫁接是无性繁殖的一种，其利用砧木对植株的小球来进行繁殖，或用于部分叶绿素缺失的品种，可加速植株的生长速度，嫁接植株长大后还可去除砧木落地繁殖。嫁接具有生长快、开花早、栽培管理简化、易规模化生产等优点，至今仍为许多爱好者或商家喜爱，也对较珍稀的仙人掌种类保育提供了一定的帮助。嫁接通常选择亲和力强的砧木，常见的有量天尺（即很多爱好者所说的三角柱）、青叶麒麟（*Pereskiopsis diguetii*）、龙神木（*Myrtillocactus geometrizans*）、袖浦（*Harrisia jusbertii*）、朝雾阁（*Stenocereus pruinosus*）等，砧木要求粗细均匀，高度以10 ~ 15厘米为宜，一般都比接穗（待嫁接苗）粗些。嫁接一般选择在4 ~ 9月的生长期进行，有平接法和劈接法，仙人掌科植物通常采用平接法。

砧 木

接 穗

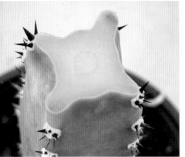

砧木处理

平接法嫁接时，将砧木和接穗洗净，分开摆放。之后进行砧木削切，刀口选择在砧木顶芽以下3～4厘米处，从这个位置切开汁液较多又不容易干缩。下刀时刀面要与砧木枝条的纵轴垂直，在切口后，断口处呈平整多面形，在该多面形边侧斜切约45°，以利于中心维管束部位突出，同时避免切口处附近带小窠部位发芽影响嫁接效果。

之后用嫁接刀切接穗。接穗苗的刀口位置，可以在对半处拦腰一刀，也可以略微靠近根部一侧下刀。切时持刀平稳，注意安全。接穗切下后应抓紧时间粘接在砧木切口上，否则一旦砧木、接穗切口处的汁液收干，嫁接将可能失败。粘接时最重要的是砧木和接穗两者维管束的相交或相切，如果接穗与砧木没有交集，嫁接基本不能成功。在进行粘接操作时，还是要先目测一下双方维管束的位置，做到心中有数。

接穗放在砧木切口上只要略微偏离一点中心部位，彼此即可对接维管束。在做对接维管束动作时，应有意轻按接穗在砧木切口上来回平移一下，一是为了更好地对准维管束位置，二是挤出接穗和砧木切口交接处气泡，让切口处的黏液紧密接合。如果遇上较难接合的，可借助绑扎来完成嫁接，如用橡皮筋或胶带将砧木和接穗固定住。

如果是较小的接穗，如刚培育的小苗，在切穗时可能会粘在刀片上，此时只要平稳持刀靠近砧木切口，轻轻地将接穗平推到砧木切口上。如果接穗脱落，可用镊子或手指将接穗轻放到砧木切口上。

接穗处理

接　合

嫁接完成后，应注意结合体的保湿工作，可以用塑料袋或塑料薄膜套住，或置于其他密闭容器里，也可以放入装水的大容器里进行保湿，避免环境影响造成接穗与砧木的萎缩分离（如砧木较小也会发生萎缩，但这是正常的消耗及接穗汲取能量消耗）；同时要避开阳光直射，以防灼伤接穗。避免碰触刚嫁接完成的植株接穗，通常在7～10天后，植株接口处会形成一圈灰白色的"疤痕"，即愈伤组织，这说明接穗与砧木已经完全愈合，此时可以将嫁接植株从保湿的地方移出来，放在有明亮散射光处，仍然要避免阳光直射；之后如接穗顶部有新刺长出来，则表明嫁接大功告成。

（三）扦插繁殖

仙人掌科植物常见的扦插方式有子球分离种植、茎节切割种植及嫁接落地种植等方式。通常在截取子球或茎节后，应待切口晾干后再进行扦插，使其成为单独的植株。子球分离适合大多数球状或短圆柱状仙人掌，如菠萝球属的象牙丸（*Coryphantha elephantidens*）、鹿角柱属的太阳（*Echinocereus rigidissimus*）等；茎节切割则更多应用于柱状、灌木状或攀附型仙人掌，如龙神木属的龙神木、昙花属的昙花及大多数仙人掌属的种类等；但也有部分种类两者都适用。嫁接落地的植株，在落地时应尽可能将砧木深入处理干净。选择生长季节的晴天进行扦插，更有利于植株的伤口愈合、生根与生长。

子球分离扦插种植

茎节落地扦插种植

嫁接落地扦插种植

群生的英冠玉

分株的白星

（四）分株繁殖

　　分株就是将一些群生的大丛植株分解掰开，单独培养成新的植株。如仙人掌科锦绣玉属的英冠玉（*Parodia magnifica*）、金晃（*Parodia leninghausii*）等种类，都适合分株繁殖。

（五）组织培养繁殖

　　仙人掌科植物的组织培养是运用植物的分生组织，通过一定的技术手段，在无菌容器中以营养物质培育出新的植株后再进行栽培，由于技术手段的不成熟，目前还未得到广泛推广。

　　利用播种繁殖的实生苗苗期管理较复杂，长势较慢，但长大后抗性较强，寿命也较长，且观赏性整体较好；利用嫁接技术繁殖的植株生长快，容易开花且容易滋生子球，但抗性相对较低，在观赏方面也存在弱势；利用扦插、分株、组织培养繁殖的植株新株成型快，且能将优良的变异保持下去，也可在植株长势不好时作为抢救应急方式，但也存在抗性较差、形态单一的缺陷。这几种繁殖方式各有优劣，选择时从自身情况出发，而不是一味推崇或舍弃。

菊水组织培养繁殖

第四章

园林应用

一、室内应用

（一）盆栽应用

1.种类选择

　　许多仙人掌科植物形态奇趣，个体娇小，且春、夏季开花旺盛，盆栽能很好地体现出它的雅趣，如岩牡丹属的龙舌兰牡丹（*Ariocarpus agavioides*）、黑牡丹（*Ariocarpus kotschoubeyanus*）；星球属的兜（*Astrophytum asterias*）、弯凤玉（*Astrophytum myriostigma*）；士童属、乳突球属的大多数种类等。盆栽适用于一些温室内展览或家庭园艺。展品可借助博古架、花架或阳台构建进行陈列。如有条件，可按科、属进行陈列，也可按形态或颜色的差异来进行摆放，给参观者一种整体美感。

兜

四角弯凤玉

2.设计案例

厦门市园林植物园的仙人掌科植物展馆中,设置了一个品种展示区。其中仙人掌科植物按不同属、种分区种植。同时按高低错落、突出中心的造景手法布置,既能给人以奇特的视觉冲击,又让人赏心悦目。

盆栽室内展台

（二）阳台应用

1.种类选择

由于环境局限，又需要考虑安全问题，故而，在阳台应用时，通常选择适应性强的无刺类型，或色泽较为鲜艳的变异品种，也可选择观花型品种，如奇仙玉、弯凤玉、兜等。这些种类都是适合阳台应用的仙人掌科植物类型。

2.设计案例

在城市中，常有爱好者喜欢在阳台上进行花卉种植，而近些年，仙人掌科植物也成为一些爱好者的新宠。以下是厦门一些小区住户或别墅窗台种植的仙人掌科植物，通常以适应性强、小巧精致、开花艳丽为主。

(三) 组合盆栽应用

1.种类选择

除了单独种植之外，仙人掌科植物也可以进行组合盆栽。组合盆栽常在一些展会上见到，也就是常说的"DIY"。由于盆器空间有限，通常选择较小型仙人掌科植物混合种植，也可配合景天科、番杏科等多肉植物进行综合组盆，并搭配精致小物件，达到良好的观赏效果。

但由于不同科属植物习性差异较大，对温度、湿度及养护方式的要求都有区别，综合组盆通常只能在短期内达到良好的效果，长期栽培会失去观赏性甚至导致部分植物死亡。

2.设计案例

在2015年上海西萍园艺10周年庆多肉植物精品欣赏中，西萍园艺以小型仙人掌科植物搭配景天科、大戟科、番杏科等多个科属的多肉植物，色泽艳丽，形象雅致；再通过形态不一的盆器、奇趣精致的摆件，组合出丰富多彩的各种迷人盆栽。

（四）温室应用

1. 种类选择

温室应用是仙人掌科植物最常见的应用方式。尤其在北方，受气候影响，很多种植仙人掌的专业人员或爱好者只能通过温室控温。而地处我国东南地区的厦门、漳州一带，常以玻璃大棚、塑料大棚等来种植或摆放仙人掌。该种植应用类型几乎涵盖所有科属的仙人掌类植物。

2. 设计案例

在南通洲际绿博园的玻璃温室中，依托各种仙人掌科植物与其他多肉植物搭建起的综合展示区域极其震撼。精细与粗犷并存，小巧与高大共融，给人以强烈的视觉冲击感。

二、室外应用

（一）花坛应用

1.种类选择

不同的色彩会给人带来不同的感觉。仙人掌科植物丰富的色彩，适用于花坛布置，激发人们的游览、观赏兴趣。大多数仙人掌科植物是绿色的，能带给人以青春、茂盛的感觉；红色的仙人掌科植物如绯牡丹（*Gymnocalycium mihanovichii* var. *friedrichii*）能给人带来欢快、热情的活力感；黄色的黄山吹（*Echinopsis* sp.）等，能给人带来明亮、鲜活的惊艳感；白色的白珠丸（*Mammillaria geminispina* var. *nobilis*）、白小町（*Parodia scopa*）等，能给人带来纯洁、朴素的清新感；此外还有庄重而文雅的紫色、神秘而幽静的蓝色等，各式各样的仙人掌在花坛配置中能形成视觉的焦点，魅力无穷。

白丸柱

黄山吹

2.设计案例

在2016年唐山世界园艺博览会中，厦门园所布置的"同心园"，以弘扬伟大的抗震救灾精神为主题，提取"同心圆"这个图形元素，把概念转化为特定详细的空间组织形式，利用闽南红砖传统砌筑工艺，通过铺地、景墙砖砌等园林建筑设施表现设计主题，力求用厦门本土的园林材料及造园工艺来呈现"凝聚力量，同心同德，共圆梦想"的伟大民族精神内涵。植物配置上体现以厦门特色的仙人掌与多肉植物对整组景观进行灵活贯穿，而仙人掌的花语"在恶劣环境中顽强生长"也与抗震救灾主题相互呼应。

绯牡丹

唐山世界园艺博览会厦门园

（二）花境应用

1. 种类选择

高大粗壮的柱状仙人掌科植物，如武伦柱、土人之栉柱、北斗阁（*Echinopsis terscheckii*）等，成型后气势磅礴，通常可作为主要支架使用；相对较低矮的中型柱类、掌类，或飘逸有趣的桩景类仙人掌，如朝雾阁、碧塔柱（*Isolatocereus dumortieri*）、龙神木、蓝衣柱（*Pilosocereus magnificus*）等，形态各异，色彩多样，装饰性强，可作为中层结构基架；最前方搭配小巧而鲜艳的球类如金晃、英冠玉，或在岩石上放置奇特有趣的攀爬类如夜之女王；又或片植绚丽多彩的小球如绯牡丹等。造景中也可以将毛柱属、老乐柱属（*Espostoa*）等一类带毛植物以群落式种植，或

2. 设计案例

在2008年香港花展中，厦门以奥运五环为骨架，应用各类仙人掌与多肉植物营造独具特色的植物景观，体现中华民族坚忍不拔的精神和共迎奥运的情节，诠释了"更快、更高、更强"的奥运精神，获最高奖"最具特色园林奖"。其中，以不同颜色仙人球搭配出来的彩带，尤为引人注目。

2008年香港花展获奖作品

在2019北京世界园艺博览会中，中国馆内的福建展馆以珊瑚礁石和多种柱状仙人掌为大骨架，选择形似海底珊瑚和海洋生物的仙人掌与多肉植物，辅以其他趣味物件，打造出绚丽多彩的海底世界。用戈壁荒漠的绿色植物造景奏响美丽的海洋之歌，不仅给观赏者视觉冲击，也呼应世园会主题"绿色生活，美丽家园"，一举荣获特等奖。

2019北京世界园艺博览会福建展馆

（三）垂直绿化应用

1.种类选择

垂直绿化如今已发展成与水平面绿化相对应的概念，是对立体空间进行绿化的一种方式，是利用植物材料借助建筑物的立面或其他构筑物表面攀附、固定、贴植、垂吊形成非水平面的绿化形式。如蛇鞭柱属、叶仙人掌属、昙花属、姬孔雀属、量天尺属等攀附型的仙人掌科植物适用于垂直绿化。

2.设计案例

在一些围墙、栏杆、立柱、灯柱、棚架、景观石或阳台立面上，可以种植攀附型仙人掌科植物。垂直绿化具有巨大的生态效应和景观效果，是地面绿化的有益补充。其利用各种建筑空间实施绿化，让建筑也能成为"有生命力的绿地"。而相对不易养护的其他植物，仙人掌科植物在垂直绿化上具有养护容易、见效快的优点。

❶蛇鞭柱属　　❷叶仙人掌属的垂直绿化应用

❸量天尺属、姬孔雀属与昙花属的垂直绿化应用

整体来说，仙人掌科植物所营造出的特殊景观效果，引起人们的普遍关注。如今，该类植物应用于园林绿化的品种资源丰富，又有着高效的生态景观效应和低碳节水的海绵效应。通过对这类植物的研究，在逐步掌握其栽培技术、种类选择和应用方法后，可将它们更进一步推向公共场所，为城市建设增添一份别样的光彩。

第五章

常见仙人掌科植物

岩牡丹属 *Ariocarpus* Scheidweiler

不同于常见的芍药科牡丹花，岩牡丹属其实是一类外观崎岖如石头、具有别样美的仙人掌科植物，也是许多仙人掌爱好者喜爱的种类。

岩牡丹属植物通常矮小，肉质根粗壮肥厚，爱好者亲切地称这类根为"萝卜根"；茎粗壮短小，顶端形成疣突，疣突螺旋状排列或呈莲座状，三角形或菱形；疣突表面常龟裂，腋部和疣突表面有大量绵毛。花常见白色、黄色、粉色或红色。果实棍棒状至球状。

岩牡丹属植物的原产地是墨西哥北部及东部和美国的西南部，大多数属于濒危植物。第一篇对该属植物有描述的论文来自比利时的园艺学家米歇尔·舍伊德维勒（Michel Scheidweiler），他于1838年描述了岩牡丹。但由于翌年著名法国植物学家查尔斯·勒美尔（Charles Lemaire）对该种植物保持对舍伊德维勒不同的意见，将它归为原本的*Anhalonium*属，故而在一段时间内，岩牡丹属并不被广泛认可。直到1910年前后，随着国际植物学会议对《国际植物命名法规》（International Code of Botanical Nommenclature）的修订，岩牡丹属才开始被人们接受。

岩牡丹属已知有6个种，分别为：龙舌兰牡丹、勃氏牡丹、龟甲牡丹、黑牡丹、岩牡丹、龙角牡丹。如今，随着园艺的盛行，该属植物在世界各地尤其是中国、日本都常见栽培，包括多个变种及园艺品种。由于它生长缓慢，形态奇特，很多国内爱好者都以养出具粗壮块根、疣突排列漂亮的岩牡丹属植物为荣。

由于具有萝卜状块根，所以种植岩牡丹属植物通常需要较深的盆器，栽培基质尽量保持疏松透气，酸性土壤不适合种植这类植物。

龙舌兰牡丹 *Ariocarpus agavioides* (Castañeda) E. S. Anderson

龙舌兰很多人都见过，或者听说过龙舌兰酒、龙舌兰做的麻绳等，但龙舌兰牡丹，通常只有爱好者才知道了。它的种名*agavioides*，意为"像龙舌兰的"，顾名思义，它指的是这个种扁平三角形的疣状突起与龙舌兰叶片相似。

[产地] 原产于墨西哥的塔毛利帕斯、圣路易斯波托西一带，生长在石灰石沙砾或风化的石灰岩冲积而成的冲积平原上，深埋于地表。故而在园艺种植中，很多爱好者喜欢模仿原产地的石灰质大颗粒生境。

[**形态**] 萝卜根深埋于土层下。肉质茎呈现扁平三角状的疣状突起，如龙舌兰一般。小窠生于疣突尖端，着生短刺1～3枚。生长较缓慢，通常需5～8年才会开始开花，花期11月下旬至翌年1月下旬，花洋红色。

[**习性**] 夏型种植物，故而冬季也需要注意保暖，越冬建议温度保持在10℃以上。此外，虽然很多爱好者喜欢模仿原生态种植，但根据种植经验，龙舌兰牡丹相对其他岩牡丹属植物喜欢较多的水——这可能与其原生种部分生长在冲积平原上有关。故而在春夏生长旺季，建议在保持疏松透气的情况下，增加浇水次数，以促进其生长。

[**繁殖**] 以播种繁殖为主，野生种群几乎灭绝。但世界各地尤其中国、日本常见其园艺种。

黑牡丹 *Ariocarpus kotschoubeyanus* (Lem. ex K. Schumann) K. Schumann

黑牡丹属珍稀濒危植物，在很长的一段时间里，都是国内爱好者极其青睐和渴望拥有的一个物种。它是仙人掌科植物里的小型种。随着近些年园艺栽培种的增多，它才逐渐在世界各地尤其中国、日本流行起来。

[产地] 原产于墨西哥，常生于含有石灰质的淤积平原或山丘上。

[形态] 与龙舌兰牡丹一样，具有粗壮肥厚的萝卜根。植株扁平球状，中部下凹；茎粗壮、单生，顶端成三角叶状疣突；疣突呈螺旋莲叶状排列，绿色至暗绿色，较光滑，两侧扁平，基部延长成宽三角形，具褶皱。小窠生于疣突近轴面中央，从基部到顶端形成带状凹槽线，被茸毛，通常无刺。生长缓慢，通常需生长3年以上才见开花。在国内，常见于11月下旬至翌年1月下旬开花。花着生于茎顶端的疣突腋部，粉色、洋红色至红色。果实成熟后呈红色。

[习性] 夏型种，较耐旱，应保证土壤的疏松透气及充足的光照，尽量置于湿度较低的环境；越冬应注意保暖，温度尽量保持在10℃以上。同样有很多爱好者追求原生态，多以颗粒状乃至块状基质进行种植，这种情况下应考虑该基质的保水性，注意控制浇水频率。

[繁殖] 以嫁接、播种繁殖为主。

龟甲牡丹 *Ariocarpus fissuratus* (Engelm.) K. Schum.

种名*fissuratus*意为"龟裂的"，指该植物疣状突起如龟甲般龟裂。龟甲牡丹是近些年来极为流行的种类，如今园艺种遍布世界各地，尤以日本、中国居多，是仙人掌科小型观赏盆栽中的佳品。

[**产地**] 原产于墨西哥及美国得克萨斯州西部贫瘠、干旱的石灰石沙砾地带，通常深埋地表。

[**形态**] 植株单生，绿色、灰绿色或深绿色，具有粗壮肥厚的萝卜根。茎部顶端分化成阔三角状疣突，表面具褶皱及龟裂；疣突中间具沟，小窠深埋沟中，沟上常被绵毛。花常在11月下旬至翌年1月下旬开放，粉红色至洋红色。

[**习性**] 夏型种，习性强健，较耐干旱、贫瘠，生长季节可施薄氮肥增加养分。应避免湿度过大，避免阳光直晒，越冬注意保暖。栽培过程应注意预防红蜘蛛。

[**繁殖**] 以播种、嫁接繁殖为主。

岩牡丹 *Ariocarpus retusus* Scheidweiler

[**产地**] 原产于墨西哥东北部和中部，常见于沙漠或石灰质地段，偶见于石膏质平原地带，通常深埋地表。

[**形态**] 顾名思义，岩牡丹植株如岩石一般，其植株单生，灰绿色、蓝绿色或黄绿色，具有粗壮肥厚的萝卜根。肉质茎分化形成三角叶片状疣突，扁平，表面无沟槽、无褶皱；顶端钝，排列致密。圆形小窠着生于疣突顶端，有时不明显或不存在。无刺。花着生于茎顶端疣突的基部，被大量茸毛，白色、淡黄色至淡粉红色，偶见深紫红色。果长圆球状，白色、绿色至粉红色。

[**习性**] 夏型种，喜温暖干燥、昼夜温差大的环境，夏季避免直晒。经园艺推广后，世界各地均有栽培，尤以日本、中国居多。

[**繁殖**] 常见播种、嫁接繁殖。

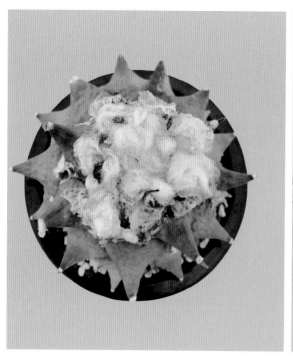

星球属 *Astrophytum* Lem.

韩剧《来自星星的你》在国内上映后，一度得到热议。而在仙人掌科植物中，也有这么一群"来自星星的你"，它们就是星球属。

星球属或称有星属，属名来自拉丁语astron（星星）及phyton（植物），意指这类植物球茎上常有星状斑点。

星球属植株通常单生，具粗壮的块根；肉质茎球状至圆柱状，具棱，暗绿色或灰绿色，外面常被星状斑点，有的茎部具毛，或顶端具分枝。小窠着生于棱或分枝上。该类植物有刺或无刺，形态不一，常具星状绵毛。花着生于茎的顶部或枝条近末端，白天开放，漏斗状，原种通常呈黄色，花心红色，花蕊黄或淡黄色。果圆球状或椭圆球状，初为绿色，成熟后变红或粉红，常被绵毛及刺状鳞片；种子通常黑褐色至黑色，呈帽子状，中心凹陷，有光泽。

星球属一共5个种，即兜、瑞凤玉、美杜莎、弯凤玉、般若。它们原产于美国南部及墨西哥。如今，随着园艺的盛行，世界各地均有栽培。尤其在亚洲，除了原种外，还有日本园艺学家经多代人工培育和杂交选育获得的诸多变种及品种，在日本、中国、泰国等地得到推崇。

兜 *Astrophytum asterias* (Zucc.) Lem.

如果提到目前最流行的仙人掌科植物，那么兜一定能排进前五。种名*asterias*意为"星状的"。兜这个中文名是由日本传入，应是由于它近似古代兜鍪的奇特外形而得名。

[**产地**] 原产于墨西哥北部、东北部、中部及美国南部得克萨斯州，虽然现在园艺栽培种很多，但它的野生种仍被列入了《濒危野生动植物种国际贸易公约》附录I。

[**形态**] 通常单生，肉质茎为扁圆球状至球状，灰绿色，通常由6～10条浅沟分成6～10个扁圆棱，最常见8棱；棱上具圆形小窠，小窠上或有丛生的银白色茸毛或茸毛组成的小鳞片。兜通常无刺——这也是很多爱好者喜欢它的原因之一。花常开放于春季至夏季，花黄色，喉部橙红色，漏斗形；浆果橄榄形，常被绵毛及刺状鳞片，成熟时从基部开裂；种子小，黑色，有光泽。

[**习性**] 喜温暖通风、阳光充足的环境，25℃为最佳生长温度。

[**繁殖**] 播种和嫁接繁殖均容易。

[**栽培变种及园艺品种**] 兜的栽培变种及园艺品种众多，有各种各样的形态，如茎分裂、疣突如龟甲的龟甲兜（'Kitsukow'）；植株上带大型白色星点的浓白点兜（'Multipunctata'）；茎上带有V形斑点的V字斑兜（"'V' pattern"）；以及花园兜（'HANAZONO KABUTO'）、琉璃兜（'Nudum'）、奇迹兜（'Mirakuru'）、超兜（'Super'）、连星兜（'Rensei'）、腹隆兜（'Fukuriyow'）等。花的颜色变化也很大，出现了粉花、红花等多个品种。虽为小型种，但有的兜在多年栽培下仍能长到直径20 ~ 30厘米，犹如一个个坐落在盆里或地里的小南瓜，生动有趣。

园艺品种：V字斑兜

园艺品种：龟甲兜

瑞凤玉 *Astrophytum capricorne* (A. Dietr.) Britton et Rose

种名*capricorne*意为"山羊角状"，指其弯曲如角的刺。

[**产地**] 原产于墨西哥北部干旱季节长、温差大的地域。

[**形态**] 通常单生，茎肉质，球状或圆柱状，成株能高达30厘米以上，直径约15厘米；茎绿色或浅绿色，茎上被灰白色鳞片。具7～9棱，棱顶端尖锐；小窠着生于棱的顶端，圆形，被白色茸毛；小窠上着生刺，不规则弯曲或扭曲如角。瑞凤玉常在春季至夏季开花，花黄色，花喉部微红色，漏斗状，花具香味。果实橄榄形，表面被刺、鳞片及白色的茸毛；种子栗色，船形。

[**习性**] 夏型种，喜阳光充足、排水良好的环境。适应性强，能短期耐阴。

[**繁殖**] 播种、嫁接繁殖都很容易。

[**栽培变种及园艺品种**] 现栽培变种、园艺品种也较多，世界各地常见栽培。包括大凤玉（'Crasssispinum'）、群凤玉（'Senile'）、白瑞凤玉（'Nireum'）、黄凤玉（'Aureum'）等，各具特色，富有观赏性。

美杜莎 *Astrophytum caput-medusae* (Velazco-Nevarez) D. R. Hunt

星球属的美杜莎，因形态如希腊神话中的蛇女美杜莎而得名。从外表上，它与该属其他成员截然不同，甚至有别于所有其他仙人掌属。因此，2002年有部分学者认为应单独立属，即 *Digitostigma* 属。2003年，依据形态学及基因学，美杜莎还是被分到了星球属。

[**产地**] 原产于墨西哥的莱昂·德洛斯阿达马斯。

[**形态**] 通常单生，少数丛生；具有肉质萝卜根；肉质茎短，圆柱形；顶部生长10～15根灰绿色或灰褐色圆柱形枝条，呈辐射状伸展如头发。枝条上密被白色短茸毛。小窠通常着生刺1～4枚或无刺，刺基部灰白，顶端褐色。花通常在春末夏初开放，开在枝条近顶端的小窠上，漏斗状，淡黄色，有光泽，喉部橙红色。需异花授粉，所结浆果橄榄形，被绵毛及刺状鳞片，成熟后不规则纵向分裂；种子帽状，黑色或咖啡色。

[**习性**] 夏型种，喜排水良好、通风透气的环境。夏季为生长旺季，适当给水；冬季则减少浇水甚至停止供水——要知道，它虽然根部粗壮，却很容易因浇水过多而烂根。

[**繁殖**] 主要通过扦插及播种繁殖。

弯凤玉 *Astrophytum myriostigma* Lem.

近些年，除了兜之外，弯凤玉以形态有趣、习性强健而深受爱好者喜欢。它的种名 *myriostigma* 意为"多柱头的"。

[**产地**] 原产于墨西哥中部高原地带，干旱、阳光充足的亚热带地域。现世界各地均有栽培。

[**形态**] 通常单生，具粗壮萝卜根。肉质茎球状或圆柱状，灰绿色或灰白色，常布满白色星状小点或小鳞片，具棱3～10，常见5棱。棱端小窠常具毡毛，无刺。花于4～7月开放，着生于顶部，黄色，喉部黄色或红色。果实橄榄形，被绵毛及刺状鳞片；种子帽子状。

[**习性**] 夏型种，喜疏松透气的肥沃土壤，能忍受较高的温度，也具有一定的抗寒能力。

[**繁殖**] 可通过嫁接及播种繁殖。

[**栽培变种及园艺品种**] 随着园艺应用的兴起，选育出恩冢弯凤玉（'Onzuka'）、龟甲琉璃弯凤玉（'KikkoNudum'）、复隆弯凤玉（'Fukuryu'）、红叶弯凤玉（'Kohyo'）等各式各样的变种及品种，各有特色。

般若 *Astrophytum ornatum* (DC.) Britton et Rose

走进厦门市园林植物园多肉植物区的仙人掌展馆，在您右手边，有一片高低起伏、形态奇特的仙人掌科植物，粗犷中又带着精致——那就是星球属的般若了。

[**产地**] 原产于墨西哥。

[**形态**] 植株通常单生，肉质茎在幼体时为球状，后逐渐长成圆柱状，高可达1米。茎通常暗绿色，密布银白色或黄色星状茸毛或小鳞片；通常棱7 ~ 8，棱端小窠被白色或黄色茸毛，后常变无毛；小窠上具中刺1枚，周刺5 ~ 10枚，刺直、坚硬，黄褐至暗褐色。花常在4 ~ 7月开放，着生于植株顶部，单朵或多朵，淡黄色至黄色。浆果橄榄形，被绵毛及刺状鳞片；种子船状，黑褐色。

[**习性**] 夏型种，栽培容易，生长较快。春夏季生长期要求阳光充足，适当浇水，保持5℃以上干燥气候越冬。

[**繁殖**] 常以嫁接和播种繁殖。

[**栽培变种及园艺品种**] 现经园艺栽培后，有青般若（'Glabrescens'）、龟甲般若（'Kikko'）、恩冢般若（'Onzuka'）、白云般若（*Astrophytum ornatum* var. *pubescente*）等多个变种及品种。

圆筒仙人掌属 *Austrocylindropuntia* Backeb.

这是分布在南美洲阿根廷、玻利维亚、厄瓜多尔和秘鲁等地的一类灌木状或树状植物。圆筒仙人柱属具块根状肉质根；肉质茎圆筒状，无棱，分成不同的段节，有的具疣块。常具肉质叶，通常也为圆柱状，最后常脱落。茎上小窠被白色绵毛或丝毛，小窠上着生白色或灰白色针状刺。花常见于春夏开放，着生于茎节顶端，漏斗状，黄色、粉色、橙红色、洋红色或红色。果为浆果，椭圆形；种子小，圆球状。

该属11个种，经园艺推广后，现其中的部分种世界各地常见栽培。

将军 *Austrocylindropuntia subulata* (Muehlenpf.) Backeb.

晚春时节，厦门市园林植物园多肉植物区的露天栽培区以及仙人掌植物展馆里的将军，基本上年年开花，很受欢迎。

[产地] 原产于秘鲁南部安第斯山区、阿根廷和玻利维亚。

[形态] 较大型的肉质乔木或灌木状植物，可高达4米。具有粗壮主根，肉质茎圆筒状，深绿色，通常分枝，茎节末端具叶，圆筒状。将军茎上密布圆形疣突。疣突上小窠着生白色或灰白色硬刺1～4枚，长3～8厘米。花常于4～6月在茎节顶端开放，漏斗状，橙红、洋红至红色。

[习性] 夏型种，喜温暖气候，喜强光，冬季不耐寒。

[繁殖] 可播种和扦插繁殖，但目前以扦插繁殖为主。它也常作为砧木应用于嫁接。

皱棱球属 *Aztekium* Bödeker

由于生长极其缓慢，且形态奇特，常有爱好者以谁养的皱棱球属时间长、品相好来展示自己的养功。

皱棱球属原产于墨西哥新莱昂周边的石灰岩地带及干旱沙砾地区，属名来自Aztek（阿兹特克人），意为"本属的植物外观与色泽类似阿兹特克人的石雕工艺品"。这类植物单生或丛生；茎扁圆球状或圆柱状，绿色或灰绿色，顶端常具茸毛。棱明显，角质化，具有多数皱纹、凹槽或小棱，紧缩在一起——想来这就是取名皱棱的原因。棱端具有小而多的小窠（小棱通常无），小窠上着生刺1～3枚，弯曲或扭曲，灰绿色或灰白色，通常早落。花通常在4～9月开放，花顶生，漏斗状，白色、粉色或洋红色，常见稍深色中脉。

皱棱球属3个种，现世界各地常见栽培2种。

花笼 *Aztekium ritteri* (Boed.) Boed.

花笼是国内众多爱好者津津乐道的仙人掌科植物。它的种名*ritteri*是为了纪念德国仙人掌类植物研究者里特（Fr. Ritter）。由于采集和环境破坏，花笼作为濒危物种被列入《华盛顿公约》附录I。

[**产地**]原产于墨西哥的石灰岩地区或干旱沙砾地区。但现今在美洲、欧洲、亚洲均可见栽培种。

[**形态**]单生或丛生，肉质茎扁圆球状，绿色或灰绿色；茎上具棱6～11，具有多数的横向皱纹和小棱。棱上小窠具刺1～2枚，刺黄褐色，弯曲或扭曲，通常早落。花常在4～7月开放，顶生，漏斗状，白色至淡粉色，具粉色中脉。果实粉红色。种子暗褐色。

[**习性**]夏型种，要求排水良好的沙质土或颗粒土。喜阳光充足，较耐寒，冬季盆土保持干燥，可耐0℃低温。

[**繁殖**]可播种或嫁接繁殖，由于其生长缓慢，播种发芽后3年以上仍长不到1厘米，故而许多爱好者喜欢以嫁接繁殖促生长。

松露玉属 *Blossfeldia* Werderm.

松露玉属仅1个种，即松露玉。原产于阿根廷及玻利维亚，属名是纪念于1936年发现本属植物的巴西探险者哈利·布鲁费德（Harry Blossfeld）。

松露玉 *Blossfeldia liliputana* Werderm.

如其种名*liliputana*（很小的），松露玉是已知最小的仙人掌科植物。

[**产地**] 原产于阿根廷及玻利维亚，在经过园艺推广后，现美洲、欧洲、亚洲均有栽培。其收藏性强，小巧秀丽，也是国内爱好者青睐的物种之一。

[**形态**] 单生或群生，具肉质块根。肉质茎灰绿色，成株通常不超过1.5厘米。球体无棱、无疣突。茎上小窠螺旋状排列，具灰白色茸毛，无刺。花通常于3～5月开放，着生于植株顶端或近顶端，漏斗状，淡黄色，具红色中脉。可闭花授粉。果实圆形，黄绿色。

[**习性**] 喜光，但在较低温和高温期间都呈现半休眠状态，此时应保持土壤干燥。春季、初夏等生长季节应适当增水施肥。

[**繁殖**] 主要采用嫁接、扦插和播种繁殖。

青铜龙属 *Browningia* Britton & Rose

　　青铜龙属原产于玻利维亚、秘鲁及智利，这类中大型仙人掌科植物是肉质灌木或小乔木状，常具直立主干和分枝。肉质茎圆柱状，高可达10米；茎上具棱18或更多，圆柱状肉质茎常呈现鲜艳的淡蓝色或蓝绿色，表面上被浓厚的白色蜡粉——或许这就是它们中文名字的由来。

　　青铜龙属茎上常具疣突，疣突上小窠着生刺，具周刺和中刺，直立，针状；也见刺自棱向上逐渐变细，形成刺簇。花着生于植株侧面，通常夜间开放，漏斗状至管状，白色、淡黄色或淡红色。

　　青铜龙属有11个种。

佛塔柱 *Browningia hertlingiana* (Backeberg) F. Buxbaum

　　在厦门市园林植物园的露天种植区域，有一种带有蓝绿色茎部的高大仙人掌科植物，它上面还长着灯台状的分枝，这就是佛塔柱。佛塔柱也叫传塔、传塔阁或青云龙。

　　[产地] 原产于秘鲁南部的曼塔罗谷地。

　　[形态] 高可达8米，圆柱状肉质茎常呈现鲜艳的淡蓝色或蓝绿色，表面上被浓厚的白色蜡粉；茎通常分枝；茎上具棱18或更多，棱脊横裂成疣突。疣突上着生中刺1～3枚，周刺4～6枚，针状，粗壮，黄色至浅黄灰色，刺尖深褐色。花通常于夜间开放，漏斗状，白色至淡黄色。

　　[习性] 夏型种，喜温暖，在我国东南部可室外种植。

　　[繁殖] 可采用种子繁殖。

巨人柱属 *Carnegiea* Britton & Rose

　　巨人柱属属名*Carnegiea*是为了纪念美国慈善家、科学工作赞助者卡内基（A. Carnegie）。原产于美国中部、南部和墨西哥北部草原。

　　巨人柱属仅1个种，即巨人柱，或称弁庆柱。

巨人柱 *Carnegiea gigantea* (Engelm.) Britton & Rose

　　前面我们说过，松露玉是目前已知最小的仙人掌科物种。那么，现在轮到已知最大的仙人掌科植物之一，巨人柱属的巨人柱了。有趣的是，它也是单属单种。成株高度可达15米，主干上还有巨大的分枝，犹如沙漠里的标志一般，经常出现在各类仙人掌知识介绍、明信片、杂志封面或画家笔下。

　　[**产地**] 原产于墨西哥索诺拉沙漠的边缘以及美国加利福尼亚州和亚利桑那州内，生长在海拔180 ~ 1 200米的地区。

　　[**形态**] 多年生肉质乔木，树状，成株通常具1 ~ 10个分枝；茎直立，圆柱状，绿色或灰绿色；茎上具棱11 ~ 26，棱隆起呈三角形状，棱脊部呈圆形。棱上小窠具密集的褐色或灰色的毡毛；小窠上着生中刺4 ~ 7枚；中刺15 ~ 20枚。刺褐色，后变灰白色。通常于5 ~ 6月开花，花着生于植株顶端或近顶端，漏斗状，白色。浆果倒卵球形，红色，果肉可食用。

　　[**习性**] 夏型种，生性强健，但原产地4米以上的高大植株移植后容易在一段时间内长势不好，甚至死亡。

　　[**繁殖**] 以扦插和播种繁殖为主。

天轮柱属 *Cereus* P. Miller

　　这是国内许多爱好者相对熟悉的一个属，因为引入国内的很多仙人掌，如鬼面角、山影拳、秘鲁天伦柱等都是这个属的。在笔者小时候生长的农村老家，田地里或篱笆下就有这类柱状仙人掌，和小伙伴们做游戏中不慎跌倒触碰到它们的惨痛经历，一度是笔者的噩梦。

　　原产于阿根廷、巴拉圭、乌拉圭、巴西、玻利维亚或秘鲁，属名在拉丁语中意为蜡烛或火炬，指本属植物形似烛台或火炬。该属为多年生肉质灌木或乔木，可高达15米以上；根系浅，纤维状或块状；茎直立，圆柱状，绿色、蓝绿色或灰绿色；茎常见木质化，表皮和角质层厚而坚硬，被白色或淡蓝色蜡质。茎上具棱4～8，棱上小窠常具刺和绵毛。花单生，夜间开放，侧生，漏斗形，花大型，呈白色或乳白色。果卵球形至椭圆形，红色或黄色，有时具白色蜡粉；种子多数，通常卵状肾形，黑色，有光泽。

　　天轮柱属约35个种，它们很容易通过扦插繁殖，也很容易收获到种子。根据实践，在广东、福建等地可露地种植。该属的一些物种也被用作砧木。

鬼面角 *Cereus hildmannianus* K. Schum. subsp. *uruguayanus* (R. Kiesling) P. Taylor

　　名字听起来比较狰狞的鬼面角，其实在国内许多地方已经成为逸生种，甚至被用作篱笆。当你看到它的时候，也许会恍然大悟，原来是这个啊！厦门市园林植物园多肉植物区的中心区域往木栈道方向，那一丛丛蓝绿色的仙人柱就是鬼面角。

　　[**产地**] 原产于巴拉圭。

　　[**形态**] 多年生肉质乔木或大灌木，呈树状；根系较深，呈辐射状展开；肉质茎直立，多分枝，高可达15米或以上。茎蓝绿色，被浓厚的白色蜡粉；茎上具棱6～8；小窠常被褐色至灰色毡毛；小窠上着生中刺1～3枚，周刺8～12枚；刺初为黑色至深褐色，老刺变灰色。花单生，常在夏季的夜间开放，白天合拢；花着生在茎中上部或上部，漏斗状，白色；果椭圆形，初为绿色，成熟时红

色；种子众多，卵状肾形，黑色。

[**习性**] 夏型种，喜肥沃土壤和较多水分，春夏生长期可适当增水补肥，促进其生长及开花结果。虽然不同属，但它的果实和火龙果有点相似，还多了一些爽脆感，还是极具风味的。

[**繁殖**] 通常以播种、嫁接繁殖为主。

管花柱属 *Cleistocactus* Lemaire

管花柱属也叫银毛柱属，属名来自希腊语cleistos，意为"封闭"，指的是这类植物可闭花受精。

管花柱属原产于厄瓜多尔、秘鲁、玻利维亚、巴西、乌拉圭等地。现世界各地均有种植。肉质茎单生或丛生，细长，圆柱状，直立、上升、横卧或下垂；棱5～30，罕见具疣突，通常有横向的沟纹或缺口。小窠密集，开花时具绵毛和刚毛；刺浓密而整齐，形态变化，针状、篦齿状或刚毛状。花单生，数量多，生于茎顶端的侧面；红色、橙色、黄色或绿色；花被管狭窄，细长，细管状，柱头常伸出花被片——这也是中文名的由来。浆果球状，暗绿色；种子小，黑色。

该属约48种。

金钮 *Cleistocactus winteri* D. R. Hunt

[**产地**] 原产于美国的佛罗里达和玻利维亚的圣克鲁斯。现美洲、欧洲、亚洲均可见种植，尤以中国、日本居多。

[**形态**] 肉质茎绿色或暗绿色，细长，在基部多分枝，开始直立，后横卧，爬行或下垂，长1～2米；茎上具棱16～17；棱上小窠着生浓密而整齐的刺，刺弯曲，细长，金黄色；中刺约20枚；周刺约30根，硬，辐射状排列。花常在6～7月开放，侧生或着生在茎的末端，粉红色、橙色至红色。

[**习性**] 生性强健，生长迅速，栽培容易。通常需要疏松、透气的肥沃土壤。喜温暖，阳光充足则开花较多。冬季应保持土壤干燥。

[**繁殖**] 可嫁接、扦插或播种繁殖。

猴尾柱 *Cleistocactus winteri* D. R. Hunt subsp. *colademono* (Diers & Krahn) D. R. Hunt.

厦门市园林植物园多肉植物区仙人掌展馆的一畔，摆放着一盆有趣的仙人掌科植物，它那细长的柱体毛茸茸的，酷似猴子的尾巴，故名猴尾柱，也有人称之为"九尾狐"或"千年狐妖"。

[**产地**] 原产于玻利维亚圣克鲁斯省的萨迈帕塔堡镇东部陡峭悬崖上，而首次发现人工栽培也是在该镇。如今，美洲、欧洲、亚洲多地均有栽培，更成为国内爱好者的新宠。

[**形态**] 多年生的长柱状垂挂型肉质植物，柱体直径2～3厘米。茎上密密麻麻的小窠着生细刺。幼体刺较短，长0.5～1厘米，呈淡黄色或金黄色，较硬质；随着年龄增长，逐渐长出白色软刺，较长，可达5厘米。花于初夏开放，花期可贯穿整个夏季。花玫红色，并微带漂亮的金属光泽，直径大概3～4厘米；花萼红色，没有毛刺覆盖；柱头黄色；花丝、花药、花粉均为红色。果初为红色，后转暗绿色；圆形，成熟后开裂。

[**习性**] 夏型种，喜通风透气、温暖干燥环境。冬季温度建议保持在5℃以上。充足的阳光和肥水可促其开花。经过近些年实践所知，猴尾柱适应性极强。

[**繁殖**] 除播种繁殖外，也容易通过枝条扦插或嫁接繁殖。

龙爪玉属 *Copiapoa* Britton & Rose

虽然龙爪玉属植物的刺排列和龙爪有些相似，但它的拉丁属名来源于智利的城市copiapo，与龙爪并没有关系，或许是日本园艺学家在命名的时候，依照形态取了这个名字，后被翻译而来。

龙爪玉属原产于智利北部，直根系，通常具主根；植株单生或群生，肉质茎扁圆球状、球状至长圆筒状，顶端通常密生茸毛；茎上具棱，较浅。棱上小窠着放射状刺，硬，形如张开的龙爪。花着生于茎的顶部，漏斗状；黄色，有时带有红色。

龙爪玉属26个种。该属生长缓慢，在原产地降水较少的情况下，利用球体上的茸毛黏附清晨或傍晚雾里的水分来供给自身生长。

黑王丸 *Copiapoa cinerea* (Philippi) Britton & Rose

黑王丸在很多书里被作为智利地区仙人掌类的代表而描述，它的种名cinerea意为灰色的，指的是本种球体颜色灰白。

[**产地**] 原产于智利北部干旱地区，现今在美洲和亚洲多有种植。

[**形态**] 通常在初时单生，后逐渐滋生子球而成丛。肉质茎球状或圆柱状，灰绿色或灰色，表面被一层蓝白色的蜡质层，顶端密生茸毛；茎上具浅阔棱12～37。棱上小窠着生中刺1～2枚，周刺1～7枚；刺黑色，会脱落。花漏斗状，黄色。

[**习性**] 生长缓慢，故而很多人选择嫁接繁殖。根据种植经验，在国内实生苗的生长速度比原产地快。或许是原产地土壤较为贫瘠，而种植过程使用的土壤基质较为肥沃的缘故。也可能是播种苗对不同环境的选择性适应进化。初始小苗常见无蜡质层，在种植2～3年后表面逐渐出现蓝白色蜡质。

[**繁殖**] 以嫁接、分株和播种繁殖为主。

菠萝球属 *Coryphantha* Lemaire

说到菠萝球属，很多人可能会一头雾水。但一说顶花球属，知道的人就多了，许多资深爱好者家里都有一两个该属物种。

菠萝球属即顶花球属。它的属名来自希腊语koryphe（头、顶部）及anthos（花），意指本属植物顶部开花。这类植物原产于美国西南部和墨西哥大部分地区，经园艺推广后美洲、欧洲及亚洲各地常见栽培，变种也较多。植株单生或在基部分枝而丛生，普遍有强有力的主根；肉质茎球状、椭圆球状至圆柱状，暗绿色或灰绿色；茎上棱分化为疣突，疣突表面具沟，沟中常具茸毛；疣突上小窠着生硬刺。该属大多数物种夏季开花，黄色、粉红色、桃红色或红色，钟状或漏斗状。果实圆形、椭圆形或倒卵形。种子黑色或褐色。

顶花球属约55个种。常见以嫁接、播种和子球扦插繁殖。

象牙丸 *Coryphantha elephantidens* (Lem.) Lem.

从拉丁种名可以看出，这是一种刺类似象牙的植物，也是目前菠萝球属中最流行的物种。2018年笔者去泰国参加当地多肉植物展销会的时候，有一株象牙丸甚至拍出了25万泰铢的高价（约等于人民币5.3万元）。

[产地] 原产于墨西哥米却肯州和莫洛雷斯州。

[形态] 植株单生或丛生，具有粗壮萝卜根。肉质茎扁圆球状或球状，表皮绿色至深绿色。茎上棱分化为圆锥状疣突，疣突表面具沟，沟中带灰白色茸毛。小窠着生于疣突顶端，小窠上着生周刺8～10枚，白色至米黄色，末端黑色；无中刺。花常在7～8月开放于植株顶部，簇生，

漏斗状，白色、米黄色、粉红色或紫红色。果椭圆形或卵圆形，褐绿色。顺便一提，象牙丸在爱好者心中的品相好坏多取决于它的球体是否端正，刺色是否干净，花是否美丽。

[**习性**] 夏型种，喜充足而不大强烈的光照和较高的空气湿度。冬季应保持干燥，维持5℃以上。

[**繁殖**] 以播种、嫁接和扦插繁殖为主。

魔象 *Coryphantha maiz-tablasensis* Fritz, Schwarz

魔象是厦门市园林植物园很早就引入的物种，如今已多代繁殖，且不断推广到以盆栽为主的园林应用中。

[**产地**] 原产于墨西哥的圣路易斯波托西州，由于当地农业和养殖业的影响，原生种数量稀少；但经园艺推广后，世界各地均引种栽培。

[**形态**] 单生或群生，具有粗壮的萝卜根；肉质茎圆球状或短圆筒状，绿色或蓝绿色。茎上棱分化为锥状疣突。疣突上小窠着生周刺4～6枚，无中刺；刺白色，末端黑色。魔象通常在7～8月开花，花着生于顶部，漏斗状，白色或淡黄色。果椭圆形，褐绿色。种子黑色。

[**习性**] 夏型种，喜温暖、干燥气候。土壤中颗粒较多可促进其根部生长。

[**繁殖**] 以播种、嫁接和扦插繁殖为主。

圆盘玉属 *Discocactus* Pfeiffer

　　圆盘玉属植物最早是在1837年，由路德维格·法伊弗（Ludwig Pfeiffer）所描述。属名是由希腊语disco而来，意指这类植物有扁平、盘状的茎。

　　圆盘玉属原产于巴西、玻利维亚、巴拉圭。如今世界各地均有栽培。肉质茎扁平球状如盘，茎上棱均匀，小窠着生于棱上，小窠上着生粗壮的短刺，通常紧贴植株表面；无中刺。到达开花年龄时球体顶部出现密被绵毛和刚毛的花座——这也是目前仙人掌科植物除了花座球属外具顶花座的属。形成花座后植株仍能长大，借助花座下一层环状分生组织产生新的棱和疣突。花白色、淡黄色、灰白色等；夜间开放，具香味；漏斗状或高脚碟状。果球形、梨形、棒状至长圆柱状，白色、粉红色至红色。

　　圆盘玉属共7个种。

奇特球 *Discocactus horstii* Buining & Brederoo ex Buining.

　　奇特球也叫寿盘玉或华之玉杯，在国内很受欢迎，但想要有一个品相良好的奇特球，也不容易，因为它们生长缓慢，繁殖需要较长年份。

　　[**产地**] 原产于巴西的米纳斯吉拉斯州等地，常生长在海拔800～1 200米灌木下的石英砂和砾石中。早期由于采集和对原生地石英的提取，数量曾大幅下降，但采用保护措施后数量又稳定下来。现美洲、亚洲均有种植。

　　[**形态**] 植株通常单生，具粗壮块根。肉质茎扁圆球状，最初绿色，后随年龄增长变为暗红色、棕色或黑色。茎上具棱12～22，宽度均匀。棱上小窠具白色绵毛，小窠上着生周刺8～10枚，紧贴球茎表面呈梳齿状排列，褐色中带灰色，无中刺。花座密被白色绵毛和褐色鬃毛；花常在8～9月的夜间开放，具芳香，着生于花座顶部，高脚碟状。果实管状或棒状，白色。

　　[**习性**] 夏型种，喜温暖、干燥气候，需充分日照，盛夏适当遮阴。

　　[**繁殖**] 可播种、嫁接繁殖。但生长缓慢，很多爱好者习惯用嫁接繁殖。

姬孔雀属 *Disocactus* Lindley

姬孔雀属的仙人掌通常是附生型仙人掌，主要分布在中美洲、加勒比地区、南美洲北部。依照该分类法，它包括了原来的物种和其他属分过来的 *Aporocactus*、*Bonifazia*、*Chiapasia*、*Heliocereus*、*Lobeira*、*Nopalxochia*、*Pseudonopalxochia* 和 *Wittia* 等多个属。

姬孔雀属（*Disocactus*）和圆盘玉属（*Discocactus*）是两个差异很大的属，但拉丁学名却极为相似，仅一个字母之差，阅读或写作的时候一定要注意。

姬孔雀属约16个种。

令箭荷花 *Disocactus ackermannii* (Haw.) Ralf Bauer

种名 *ackermannii* 是纪念采集者 Geo. Ackermann。说到令箭荷花，很多人都认识，但经常把它和蟹爪兰或昙花混淆。常盆栽种植，或悬挂于墙头装饰。

[**产地**] 原产于墨西哥的韦拉克鲁斯和瓦哈卡，现在世界各地栽培，我国更是常见栽培。

[**形态**] 攀附型仙人掌，植株通常没有主茎或有圆柱状短茎，从基部抽出扁平肉质茎节，扁平部分直立或下垂，叶片状，边缘波状，带褐色，后变暗绿色。小窠着生在茎节的边缘，小；小窠上刺短或未见。花通常在5～6月着生于小窠上；花大型，漏斗状，水红色或红色。

[**习性**] 夏型种，喜温暖气候，相对喜阴湿，春夏季应适当追水追肥，夏季适当遮阴。

[**繁殖**] 可播种或扦插繁殖，目前以扦插繁殖为主。

鼠尾掌 *Disocactus flagelliformis* (L.) Lem.

2019年4月30日，法国ARIDES协会和CACTUS大会创始人、原联合国教科文组织下属植物委员会IOS成员的Joël Lodé带领来自法国、捷克、荷兰、加纳利群岛等国的专家一行5人考察了厦门市园林植物园的仙人掌科植物。他们对一株结了果实的仙人掌科植物赞叹不已，连连说道从未见过栽培环境下的这种植物人工授粉后结出果实，这正是鼠尾掌。

[**产地**] 原产于墨西哥伊达尔戈和瓦哈卡，现亚洲、欧洲有见栽培繁殖。

[**形态**] 种名意为鞭型的，指这种植物的变态茎细长如鞭。事实上，这种植物灰绿色的茎干确实相对大多数仙人掌科植物显得纤细，匍匐或下垂如老鼠尾巴一般。它的茎上具棱8～13，棱上密密麻麻的小窠通常着生15～20枚淡黄色或黄色小刺；漏斗状花通常于3～4月沿茎干边侧倾斜开放。花水红色，花蕊淡黄色；浆果球形，初生绿色，成熟后红色至紫红色。

[**习性**] 主要害虫是红蜘蛛，被害部位会有黄褐斑，应注意预防。

[**繁殖**] 以嫁接和扦插繁殖为主。

金鯱属 *Echinocactus* Link & Otto

可以说，除了团扇属之外，国内大多数人对仙人掌科植物最早的认知，都来自金鯱属。属名来自希腊语echinos（刺猬）和kaktos（仙人掌），意指这类植物是如刺猬一般的多刺仙人掌。

金鯱属原产于美国南部和墨西哥。现世界各地均有栽培。其正式中文名中的"鯱"字，现也常被简化为金琥，并沿用下来。多年生肉质草本，植株单生或群生，扁圆球状、圆球状至短圆柱状；茎上具棱。小窠沿棱排列，被绵毛；刺通常粗大，针状，直或弯曲，具横纹，灰白色、黄色或褐色。花常于4～6月开放，顶生，生于长绵毛丛中，钟状，黄色或粉红色。果长球形。种子圆形、肾形至倒卵形。

金鯱属6个种。

金鯱 *Echinocactus grusonii* Hildmann

基本上，大家第一印象里的仙人球就是金鯱了。种名*grusonii*是为了纪念德国马格德堡附近的巴科人赫尔（Herr Gruson）。金鯱在很长一段时间内种植范围都比较广，很多家庭都把它当作必种品种。

[**产地**]原产于墨西哥中部，20世纪初由华侨引入的仙人掌科植物，在很长的一段时间里，是富贵人家的代表。直到20世纪90年代，福州缤纷园艺有限公司将其批量繁殖后，经众多商家相互推广，这个物种的价格才逐渐便宜下来——如今，中东地区它的价格仍居高不下，由于过度采集，原产地的野生种甚至濒临灭绝，因此成为集中抢救的重点对象。

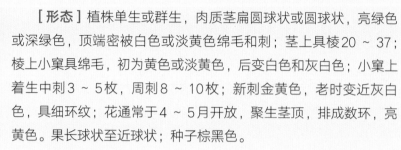

[形态] 植株单生或群生，肉质茎扁圆球状或圆球状，亮绿色或深绿色，顶端密被白色或淡黄色绵毛和刺；茎上具棱20～37；棱上小窠具绵毛，初为黄色或淡黄色，后变白色和灰白色；小窠上着生中刺3～5枚，周刺8～10枚；新刺金黄色，老时变近灰白色，具细环纹；花通常于4～5月开放，聚生茎顶，排成数环，亮黄色。果长球状至近球状；种子棕黑色。

[习性] 夏型种，其习性强健，喜阳，喜疏松透气土壤。春夏生长期这种植物需要大量的水，但不要过度浇水。在冬天保持土壤干燥。但根据种植实践，在闽南，其从小苗到开花需要10～15年，之后年年开花。所以，如果发现你桌前的小仙人球一直不开花，别气馁，排除发生病虫害的原因外，有可能是开花时间还未到。

[栽培变种及园艺品种] 金鯱栽培变种或品种很多，现国内常见栽培品种有：白鯱（'Albispinus'）、狂鯱（'Intertextus'）、裸鯱（'Subinermis'）等。

[繁殖] 可嫁接、扦插或播种繁殖。

太平丸 *Echinocactus horizonthalonius* Lem.

太平丸相比金鯱，繁殖量较少，但也是很多爱好者追求的物种。它的种名*horizonthalonius*意为"水平的"，指该物种刺排列呈水平横向。

[**产地**] 原产于美国得克萨斯州、亚利桑那州、新墨西哥州及墨西哥的圣路易斯波托西至奇瓦瓦沙漠。经园艺推广后，世界各地均见栽培。

[**形态**] 植株单生或丛生；肉质茎扁圆球状、球状至短圆柱状，高，蓝绿色，顶部被黄白色毡毛；棱上小窠排列稀疏，小窠上具中刺3～5枚，灰色、紫红色至黑色；周刺5～7枚，灰色；刺扁平，坚硬，有的略弯曲。花常在4～5月开放，顶生，漏斗状，粉红色。

[**习性**] 虽生长较缓慢，却是金鯱属中较容易开花的物种。性强健，也是家庭盆栽佳品。

[**繁殖**] 可播种、扦插繁殖。

绫波 *Echinocactus texensis* Hopffer

绫波常被误写为凌波。在金鯱属中，它的受宠度仅次于金鯱，由于球正花美，它也是当今最受欢迎的仙人掌科植物之一。

[**产地**] 原产于美国的得克萨斯州、新墨西哥和墨西哥北部的科阿韦拉、新莱昂和塔毛利帕斯等地，生于旱生灌木林、草原、橡树林地、开阔平原和山谷的深层土壤、沙质土壤、盐碱地、低矮的石灰岩小山或石灰质砾石间，基本不受威胁。

[**形态**] 通常单生，肉质茎扁圆球状，暗绿色至灰绿色；茎上具棱13～17。棱上小窠较大，具浓密毡毛；小窠上着生中刺1枚，扁平，紫红色至暗红色，向下弯曲；周刺5～7枚，锥状，黄色，先端红色；刺都具横条纹。花常于3～5月开放于植株顶端，钟状，浅粉色、粉色或桃红色，喉部红色。浆果球状。橙红色至红色，被鳞片和茸毛。种子黑色。

[**习性**] 夏型种，喜阳，喜通风、透气环境。

[**繁殖**] 可播种、嫁接繁殖。

[**栽培变种及园艺品种**] 世界各地也常见栽培，产生了一些各有特色的园艺品种，如卷刺绫波（'Kyoushi Anayami'）等。

鹿角柱属 *Echinocereus* Engelmann

原产于墨西哥、美国西南部的鹿角柱属，如今已被推广至世界各地。这类植物通常单生，或分枝。肉质茎直立或匍匐，球状至圆柱状。茎上具棱或分化为疣突。有刺或脱落无刺。花侧生或顶生，白色、黄色、粉色、红色、紫红色等，有一个区别于大多数仙人掌科植物的显著特点是柱头为绿色。果为浆果，椭圆形至卵形，绿色至紫红色，具刺，有时刺脱落。

鹿角柱属约有60个种。

美花角 *Echinocereus pentalophus* (DC.) Engelm. ex Haage

有着这么一个名字的植物，当然不会让人失望，它那艳丽的花确实会让你眼前一亮，尤其整丛开放的时候。

[**产地**] 原产于美国及墨西哥中部和东部，生长在近海平面至海拔1400米的沿海冲积平原的松树、橡树林中或沙质草地上，也有生长于石灰岩峭壁的岩石上。如今世界各地常见栽培。

[**形态**] 通常是群生的。茎直立或匍匐，圆柱状。小窠着生于茎上棱端，小窠上具周刺3~7枚，中刺0~1枚。花常在3~5月盛开，红色、洋红色或紫红色。

[**习性**] 夏型种，喜土壤疏松透气，基质肥沃可促进开花，夏季不可暴晒，生长适温15~35℃。冬季温度低于5℃需保持土壤干燥，阳光要充足。

[**繁殖**] 可播种、分株繁殖。

桃太郎 *Echinocereus pentalophus* 'Momotaro'

在厦门市园林植物园仙人掌科植物展馆的右侧，有那么一丛丛匍匐于地面的鹿角柱属植物，每年4月，它们都会绽放出美丽的花朵，它们就是桃太郎。

[**产地**] 最初仅在日本多肉植物爱好者中流传，90年代末传入我国台湾，现世界各地均有栽培。

[**形态**] 桃太郎是美花角的无刺品种，植株通常丛生，肉质茎圆柱状，淡绿色。茎上具棱4～5。刺退化，或保留极个别的1～2枚。花漏斗状，红色。

[**习性**] 生长习性同美花角。

[**繁殖**] 可扦插、嫁接繁殖。

银纽 *Echinocereus poselgeri* Lem.

前面有金纽，现在轮到银纽了，它们虽不是同属的"兄弟"，但在形态学上确实有那么一点点相似。不过，相比金纽，银纽的茎还是比较纤细的。

[**产地**] 原产于美国西部、西南部及墨西哥，常见于海拔1 150米的旱生灌木中。现美洲、欧洲、亚洲均有栽培。我国南方地区常见栽培。

[**形态**] 具块根；肉质茎细长，最初直立，后来蔓生、攀缘或下垂，分枝或不分枝。茎上具棱8～12，小窠着生于棱上，具白色毡毛，小窠上具刺8～15枚，白色。花常在4～5月开放，着生于植株枝条顶部或中上部，漏斗状，粉红色、洋红色或淡紫色，具深色中脉。

[**习性**] 夏型种，习性强健，喜光照充足和昼夜温差大。

[**繁殖**] 可播种、扦插繁殖。如今最常见扦插繁殖。

擢墨<i>Echinocereus reichenbachii</i> (Terscheck ex Walp.) Hort ex Haage subsp. <i>fitchii</i> (Britton et Rose) N. P. Taylor

在仙人掌植物展馆内馆，有这么一盆小小的植物，平时也许不起眼，但到了花开时，它就绽放出自身的美好——它就是擢墨。

[**产地**] 原产于墨西哥和美国。多见于草原、荆棘灌丛。如今美洲、欧洲、亚洲均有栽培。

[**形态**] 单生，通常具分枝；具块根；肉质茎幼时圆球状，后逐渐伸长为圆柱状。茎上具棱10 ~ 23。小窠着生于棱上，常带白色毡毛；小窠上着生中刺0 ~ 7枚；周刺20 ~ 36枚，白色、褐色或黑色。花着生于植株顶部或中上部，漏斗状，长5 ~ 12厘米，直径5 ~ 15厘米；花常在3 ~ 5月盛放，着生于植株中上部，浅紫红色至紫红色。

[**习性**] 夏型种，易栽培。

[**繁殖**] 可播种、嫁接繁殖。

太阳 *Echinocereus rigidissimus* (Engelm.) F. Haage

说到这个中文名，可能很多人都会觉得新奇、有趣。当初日本园艺学家取名的时候，也许是因为它的花绽开时如太阳一般。厦门市园林植物园仙人掌展馆里展台上的多株太阳，每逢"五一"劳动节前后的晴朗天气，都以盛放的美丽花朵来迎接大家。

[产地] 原产于墨西哥和美国的仙人掌科植物，如今在美洲、欧洲、亚洲等地均有栽培，日本、中国尤其流行。

[形态] 肉质茎初为球状，后长成圆柱状，茎上具棱18～23，棱端小窠着生周刺16～22枚，刺硬，梳状排列，平卧于表面，刺有灰色、红棕色、亮粉色或粉白色，稍半透明，无中刺。太阳通常于5～7月开花，花粉红色、洋红色或紫红色，喉部浅白色。果实球状，绿色或暗紫色略带褐色，带刺。种子黑色。

[习性] 夏型种，生长容易。喜弱酸性土壤，需要全日照。较为耐寒，冬季保持干燥可以忍受0℃低温。

[繁殖] 可播种、嫁接、扦插繁殖。

海胆球属 *Echinopsis* Zucc.

海胆球属也称仙人球属，原产于南美洲，它是当前仙人掌科拥有最多物种的属之一。属名来自希腊语echinos（刺猬）和opsis（相似），也是意指这类植株如刺猬一般。它实际上包括了最早的白檀属（*Chamaecereus*）、丽花球属（*Lobivia*）、湘阳球属（*Lobiviabruchii*）、毛花柱属（*Trichocereus*）等多个属。而这些属最显著的共同特性是：花大且美，花量多。

海胆球属肉质茎球状至圆柱状，单生、分枝或群生；茎上棱边缘全缘、波状或圆齿状。小窠生于棱缘或位于疣突之间，具短绵毛和刺，小窠上着生刺。花着生于茎侧，漏斗状至钟状漏斗形，白色、浅黄色、黄色、橙色、洋红色、红色或紫红色，花萼至花管常布满褐色或白色的长毛。果球形、卵球形至圆柱形。种子黑色。

海胆球属约130个种。现园艺栽培品种众多。

白檀 *Echinopsis chamaecereus* H. Friedrich et W. Glaetzle

也许你不知道白檀的名字，但你或许早已见过它。我国南部地区常见栽培，北部地区有很多人在室内栽培——很多人来到仙人掌植物展馆，都会指着展台上一个小盆栽喊道："这个我家也有啊！"。

[产地] 原产于阿根廷的图库曼和萨尔塔之间，如今美洲、欧洲、亚洲均有栽培。

[形态] 丛生，分枝多，交集成垫状；肉质茎长圆柱状，初始直立，后呈匍匐状，淡绿色、绿色或灰绿色；茎上具棱6～10。小窠着生于棱上；无中刺；周刺10～15枚，白色。花常在4～6月开放，侧生，漏斗状，深红色或橙色，花萼至花管布满了褐色或白色的长毛。

[习性] 性强健，有很多人用田园土或红土也能种植，但还是建议用疏松透气的土壤。冬季保持干燥可耐0℃低温。根据实践，如果第一年冬季较冷，则第二年花会开得较多，可适当在春季生长旺季追肥。

[繁殖] 可播种、嫁接、分株繁殖。

仁王丸 *Echinopsis rhodotricha* K. Schum.

仁王丸，也被称作赤毛海胆，虽然厦门市园林植物园的仁王丸还没长大，但并不妨碍它是海胆球属中较大型的物种。

[**产地**] 原产于阿根廷、玻利维亚、巴西的南马托格罗索州、巴拉圭和乌拉圭。现已推广至亚洲，尤以日本、中国居多。

[**形态**] 通常群生，肉质茎直立，球状或圆柱状，常见多子球或分枝，茎淡绿色或暗绿色，高可达80厘米。茎上具棱8～13，略呈波状。棱上小窠具淡黄色或灰白色毡毛；小窠上着生中刺0～1枚，红褐色，稍向上弯曲；周刺4～7枚，稍弯曲，黄色，顶端棕色至黑色。闽南地区花常在9～10月开放，着生于植株中上部侧端，长漏斗形或长管状，白色或浅粉色；花管具许多黑色鳞片和红棕色毛。

[**习性**] 夏型种，性强健，我国南方地区可露天种植，喜温暖、干燥气候，喜疏松、透气土壤。有一定的耐水肥能力。主要病虫害为介壳虫及炭疽病。

[**繁殖**] 可播种或分株繁殖。

北斗阁 *Echinopsis terscheckii* (J. Parm. ex Pfeiff.) H. Friedrich & G. D. Rowley

北斗阁是海胆球属中的大型种，在厦门市园林植物园多肉植物区的露天展区，你会看到许多高大的乔木状仙人掌，其中就包含了北斗阁。

[**产地**] 原产于阿根廷及玻利维亚。通常生长在海拔800～2 000米之间的草地、灌丛带、亚热带落叶林等。如今，美洲、亚洲有种植。我国常见栽培，闽南地区可露天种植。

[**形态**] 植株乔木状，单生，圆柱状，具分枝；在原产地可高达10～12米，主干明显木质化。茎上具棱8～18。小窠生于棱上，被灰白色或褐色毡毛。小窠上着生刺8～15枚，黄色或褐色。花通常在5～6月开放，侧生于植株中上部，钟形至漏斗状，白色或浅粉色。

[**习性**] 夏型种，喜温暖，喜阳光充足。不耐寒，冬季应保持5℃以上越冬，保持土壤干燥。

[**繁殖**] 可播种和扦插繁殖。

昙花属 *Epiphyllum* Haw.

没错，昙花不单单是一个物种，它也是一个属，而且还是仙人掌科的——有点出乎意料吧。属名 *Epiphyllum* 来自希腊语 epi（在……上）和 phyllon（叶子），意指这类植物花开在叶状枝上。

在厦门市园林植物园的森林性多肉植物馆里，廊道墙边随处可见昙花属植物，这类植物原产于美洲的热带和亚热带地区，现世界各地均有栽培。通常分枝很多，为灌木状。茎基部木质化，上部扁平如叶，棱缘有圆齿或深裂，悬垂或借气根攀缘。小窠位于齿或裂片之间凹缺处，无刺。花单生于枝侧的小窠，夜晚开放，有很细的长花筒，花期极短，花白色、黄白色、粉红色或橙色。近年出现了很多杂交种，花色更加多变。

昙花属约有12种。

昙花 *Epiphyllum oxypetalum* (DC.) Haw.

[**产地**] 原产于墨西哥、危地马拉、洪都拉斯、尼加拉瓜、苏里南和哥斯达黎加的昙花，因其形态飘逸、花朵美丽，现世界各地广泛栽培。

[**形态**] 附生型，具气生根；老茎基部木质化，圆柱状；茎多分枝，分枝叶状侧扁，棱缘有圆齿或深裂，悬垂或借边侧气根攀缘。小窠排列于齿间凹陷处，小型，无刺，初时被少数绵毛，后变无毛。花常在5～6月的夜间开放，漏斗状，具芳香，黄白色。"昙花

一现"说的就是它了。事实上昙花并不单单一现，它通常从夜间9点开始开花，到11～12点最为繁盛，之后逐渐合拢，到了凌晨3～4点，基本闭合。这是由于在原产地，它们的传粉媒介是在夜间活跃的昆虫和蝙蝠，昙花硕大的花朵、芳香的气味和充足的花蜜能够很快地吸引这些夜行动物。

而经种植栽培观察发现，在一些较阴天气，昙花在白天也会开花。所以当昙花花蕾膨大时，你将它挪入黑暗的房间或用黑色塑料膜罩住，而晚上用灯光照射，如此反复处理7～10天，就可以看到在白天开放的昙花了。

昙花的花有点甜，也有人称为"霸王花"，在民间偏方里，它有消炎、抗肿、止血的效果；也被用于治疗咳嗽有血（肺结核）、崩漏、咽喉肿胀，但这些药理还有待考证。

[习性] 夏型种，性强健，喜半阴环境；生长季节可酌情加大浇水量以促进生长，冬季保持土壤干燥。

[繁殖] 可播种和扦插繁殖，以扦插繁殖为主。

月世界属 *Epithelantha* F. A. C.Weber ex Britton & Rose

在厦门市园林植物园仙人掌展馆的展台上，紧依着星球属的边侧，有那么一批通体白色的小球，即月世界属植物，笔者常戏称这是"星月争辉"。月世界属是原产于墨西哥奇瓦瓦沙漠的漂亮的小型仙人掌科植物。属名 *Epithelantha* 来自希腊语的 epi（在……上）、thele（乳头）和 anthos（花），意指本属植物在疣状突起上开花。

在原产地，它们通常生长在开阔的沙漠中，有一半植株埋入地下。月世界属植株通常球状或细圆柱状，疣突细小且螺旋状排列。刺细小，白色，几乎完全包住球体。小花漏斗状，白或粉红色。红色浆果棍棒状，非常艳丽。

该属仅2个种，变种较多。

小人帽子 *Epithelantha bokei* L. D. Benson

顾名思义，小人帽子的外观犹如一个小小的人儿所戴的帽子。

[**产地**] 原产于墨西哥和美国得克萨斯州，属濒危物种。在美洲、欧洲、亚洲等地均有栽培，尤以日本最多。

[**形态**] 植株通常单生，具粗壮近木质化根部；肉质茎球状至短圆柱状，高2～5厘米，顶部微凹陷；茎上无棱，疣突细小，螺旋状排列，顶端密布浅褐色小窠，小窠常呈双层排列，内层着生约10枚细刺，外层着生多达25枚以上的周刺，刺细微，白色，刺紧密帖服于球体往外延伸，最长的约0.5厘米；通体较光滑。花通常在7月开放，簇生于植株顶端凹陷位置，淡粉色或淡黄色，长1～1.5厘米，直径约1厘米。果实棍棒状，倒插于植株顶端，红色，长0.3～1厘米。

[**习性**] 生长较缓慢，喜温暖、干燥气候，水多容易腐烂，建议多用排水良好的土壤，以保持根系健康。栽培中应保证充足阳光，冬季保持干燥。

[**繁殖**] 通常以播种或子球扦插繁殖。

月世界 *Epithelantha micromeris* (Eng.) F. A. C. Weber

种名*micromeris*，意为"小部分的"，表示球体很小——这也是一种娇小漂亮的仙人掌科植物。

[**产地**] 原产于美国亚利桑那州东部，沿新墨西哥州至里约热内卢，沿格兰德河和得克萨斯州西部，南至科阿韦拉。原本并不常见，近些年在日益繁盛的园艺推广后，美洲、欧洲、亚洲等地均有栽培。

[**形态**] 植株单生或丛生。肉质茎球状至短圆柱状，高5～8厘米，直径5～6厘米，顶部微凹陷。茎上无棱，疣突细小，螺旋状排列，顶端密布浅褐色小窠，它与小人帽子最大的区别在于它的小窠是单层的，小窠上着生20～30枚白色细刺，呈辐射状紧贴于球体，长0.2～0.3厘米。花在7月开放，簇生于植株顶端凹陷位置，白色至粉红色，直径0.3～1厘米。果实棍棒状，红色，长0.5～1.5厘米。

[**习性**] 与小人帽子相似，月世界生长也较缓慢。它喜欢温暖干燥的气候。栽培中应保证充足阳光，排水良好，冬季保持干燥。

[**繁殖**] 通常以播种或分株扦插繁殖。

极光球属 *Eriosyce* Philippi

属名*Eriosyce*指的是这个属果实多毛。其实这个属的物种小窠也多毛，可以吸附清晨和黄昏从海岸飘过的雾。

极光球属原产于智利、秘鲁和阿根廷。植株单生；肉质茎近圆球状、圆球状或圆柱状，暗绿色、灰绿色或黑褐色；茎上具棱或分化为具疣突。小窠着生棱或疣突上，通常具刺和毛。刺坚硬，针状或刚毛状。花着生于茎的顶部，漏斗状或管状，黄色、桃红色、红色、深红色、洋红色。果内空，外被茸毛。

极光球属约35个种。这个属由于合并了前智利球属，很多爱好者在习惯上还是喜欢把它称为智利球属。

五百津玉 *Eriosyce aurata* var. *spinibarbis*

[**产地**] 原产于智利，现世界各地均有栽培，是极光球属典型物种。

[**形态**] 植株单生，茎扁圆球状至圆球状，青绿色，茎上具棱10～15，棱缘突起。棱上小窠被白色或黄褐色短绵毛；小窠上着生中刺0～1枚；周刺3～8枚。刺初为红褐色，随年龄增长变灰褐色或黑褐色。花红色。

[**习性**] 生长缓慢，极其容易腐烂，应存放在非常通风的地方。生长期在夏季，很耐热，夏季可稍遮阴。夏季浇水频率应多一些，但是要保持水能尽快流走，所以沙石比例在60%～70%最好，尽量少用保水类植料。可以短暂忍耐低温，但是不能长期受冻。

[**繁殖**] 可通过播种和嫁接繁殖。

银翁玉 *Eriosyce kunzei* (C. F. Först.) Katt.

[**产地**] 原产于智利的峭帕谷。现世界各地栽培，是我国众多花友喜爱的仙人掌科植物之一。厦门市园林植物园早在 2000 年就已引入该物种，并应用到展区布置中。

[**形态**] 植株单生；具粗壮主根；肉质茎近圆球状、球状或圆柱状，绿色或紫色。茎上具棱 13 ~ 21。小窠着生于棱端，被白色或黄褐色短绵毛；小窠上着生中刺 20 枚，硬，白色、灰色、黄色或褐色，针状；周刺 15 ~ 40 枚，柔软，直或扭曲，有的头发状，银白、灰白、褐色至黑色。花常在 3 ~ 5 月开放，着生于植株顶部，管状至狭漏斗状，粉红色或桃红色。果实长椭圆形，初绿色，成熟后红色。

[**习性**] 夏型种，喜温暖干燥的环境，充足阳光可以促进刺生长得更好。但夏季需要适当遮阴。

[**繁殖**] 可通过播种和嫁接繁殖。

角鳞柱属 *Escontria* Britton et Rose

角鳞柱属，是国内很多爱好者乃至植物园都比较陌生的一个属。该属原产于墨西哥的格雷罗州、米却肯州、瓦哈卡州及普埃布拉州南部。该属仅1个种，就是白焰柱。

白焰柱 *Escontria chiotilla* (F. A. C. Weber) Rose

在多肉植物区的仙人掌植物展馆，有一株小乔木状的植物，如果不仔细观察，你很容易把它和上帝阁之类的柱状仙人掌混淆，而这，就是白焰柱，也叫角鳞柱。

[**产地**] 原产于墨西哥中部及西南部的普埃布拉州、瓦哈卡州、格雷罗州、米却肯州。国内目前罕有栽培，笔者仅在南方地区见到。

[**形态**] 肉质乔木，高3～7米。具明显主干，多分枝；茎圆筒状，茎上通常具棱5～7；棱脊密布暗灰色小窠；小窠上着生中刺1枚，橙红色至黄色，老刺灰色；周刺10～20枚，淡黄灰色，老刺灰白色。花通常于4～5月着生于植株顶端，管状或钟状；花黄色。

[**习性**] 夏型种，喜温暖干燥环境，喜疏松透气的肥沃土壤。

[**繁殖**] 通常以扦插繁殖为主。

老乐柱属 *Espostoa* Britton et Rose

　　属名*Espostoa*是为了纪念秘鲁植物学家埃斯坡希多（N.E.Esposto）。它们通常是分布于高海拔低纬度地区，阳光中紫外线丰富，昼夜温差较大。所以笔者推测，其植株上面密密麻麻的长毛，是为了防晒保温而长出。

　　老乐柱属常见肉质茎圆柱状，常具分枝。棱多，棱脊低。小窠具刺，被长绵毛，覆盖于茎上；刺多数，部分粗壮，其余毛发状。该属或有侧花座；花侧生，常被长绵毛，管状或钟状，白色、淡红色、桃红色、淡紫红色或紫红色；花被管具尖锐鳞片及柔毛，无刺。果球状或卵状，绿色至红色；种子暗褐色。

　　老乐柱属有16个种。

老乐柱 *Espostoa lanata* (Kunth) Britton & Rose

　　种名*lanata*意为"被绵毛的"，意指该物种密被绵毛。

　　[**产地**] 原产于厄瓜多尔南部、秘鲁北部的仙人掌科植物，现世界各地均有栽培。

　　[**形态**] 肉质茎圆柱状，随着种植年限增加，植株顶部会产生分枝，呈树状，高4～7米。全株被白色至淡黄色丝状毛和刺，棱脊低，钝圆形，沟笔直。棱上小窠被白色或淡黄色茸毛；小窠上着生中刺0～1枚；周刺30～40枚，针状，平展，新刺淡红色至淡黄褐色，老刺灰色。开花前茎枝侧部形成由长软毛组成的侧花座，花着生于侧花座上，漏斗状，白色、淡紫红色至紫红色。

　　[**习性**] 夏型种，性强健，要求排水良好的土壤，冬季保持干燥，气温维持在5℃以上。浇水时避免从顶部淋水。地栽可令植株长得更加粗壮，毛刺更密。

　　[**繁殖**] 可播种、嫁接和扦插繁殖。

强刺球属 *Ferocactus* Britton & Rose

强刺球属，属名来自拉丁文ferox（凶猛的）及kaktos（仙人掌类），意指本属具有凶猛的尖锐长刺。原产于墨西哥北部和中部及美国西南部的干旱、半干旱地区，现世界各地均有引种栽培。

强刺球属肉质茎通常呈扁圆球状、圆球状至圆筒状，具多数棱或棱分化为疣突。棱上小窠着生发达中刺和周刺，中刺常钩状。花着生于植株顶端，钟状或漏斗状，黄色、橙色、红色或紫红色。果实球状或椭圆球状，里面充满密密麻麻的黑色种子。

强刺球属约29个种。

江守玉 *Ferocactus emoryi* (Engelm.) Orcutt

[产地] 原产于美国阿里桑那州和墨西哥索诺拉省、下加利福尼亚半岛等处。现世界各地引种栽培。

[形态] 肉质茎球状至圆柱状，绿色或灰绿色，棱15～30，棱在幼株阶段分割成疣突状。小窠生于棱的顶端，被白色绵毛；小窠上着生中刺1枚，初红色，后褐色，先端弯曲状或钩状；周刺7～9枚，初红色，后白色。花顶生，漏斗状，黄色或红色。

[习性] 夏型种，生长迅速，冬季应保持干燥和较高温度。

[繁殖] 常见播种繁殖。

王冠龙 *Ferocactus glaucescens* (DC.) Britton et Rose

王冠龙种名*glaucesens*意为"苍白色的",指这个物种球体常呈灰白绿色。它也是较早引入国内的仙人掌科植物之一,如今还有无刺王冠龙（'Nuda'）、双肋王冠龙（'Bigonus'）等品种。

[**产地**] 原产于墨西哥的伊达尔戈。现欧洲、亚洲各地有栽培。

[**形态**] 单生或多分生子球;茎球状形至圆柱状,灰绿色或灰白色;棱11～21;棱顶端着生长方形相连的小窠。小窠上着生中刺1枚,周刺6～7枚;刺锥状,黄色,顶端尖。花常在3～4月绕球体顶端一圈开放形,漏斗形,黄色。果球状,肉质,白色或黄色,带红色,外面被黄色的鳞片。

[**习性**] 夏型种,是强刺球中最易栽培的物种之一,要求排水良好的沙质土壤。冬季保持干燥可耐0℃低温。

[**繁殖**] 可播种、扦插、分株或嫁接繁殖。

大虹 *Ferocactus hamatacanthus* (Muehlenpf.) Britton et Rose

[**产地**] 原产于美国得克萨斯州及墨西哥的物种。现随着园艺推广，在欧洲、亚洲各地有栽培。

[**形态**] 植株通常单生，茎球状至圆柱状，深绿色至灰绿色；棱13～17，棱顶部末端突起呈疣突状。小窠着生于棱的顶端，具白色或米黄色毡毛；小窠上着生中刺4枚，最下方的最长，先端具钩，洋红色；周刺8～12枚，灰色，略带红色。花常于7～8月开放于植株近顶端，围成环形，漏斗状，淡黄色、黄色或橙黄色。

[**习性**] 夏型种，性强健，喜温暖干燥气候。

[**繁殖**] 可播种或嫁接繁殖。

文鸟丸 *Ferocactus histrix* Linds.

别误会，这种植物和鸟类中的文鸟可完全是不同的。

[**产地**] 原产于墨西哥中部的杜兰戈州至伊达尔戈州，原生物种被列入了濒危名录，但其园艺种在欧洲、亚洲均有栽培。

[**形态**] 植株通常单生，茎扁球状、球状或短圆柱状；茎上具棱20～40，棱端具小窠，有时小窠几乎连接在一起。小窠上着生中刺1～4枚，先端钩状，位于顶端的较短；周刺10～12枚，锥状，略弯曲。花顶生，花绕球体顶端一圈，漏斗形，淡黄色或黄色。

[**习性**] 夏型种，喜阳光充足的温暖干燥气候，喜通风透气环境。春夏生长期需要较多水，生长期应适当追肥。环境太潮湿时容易产生黄斑或感染真菌。冬季保持干燥可以忍受短暂的0℃低温。

[**繁殖**] 可通过播种、嫁接繁殖。

赤城 *Ferocactus macrodiscus* Britton et Rose

就如绫波常被误写一样，很多爱好者习惯把赤城写成赤诚，事实上，它的中文名应是前者。有趣的是，赤城和绫波在形态上也有所相似，但它们还是不一样的。

[**产地**] 原产于墨西哥圣路易斯波托西、克雷塔罗、瓜纳华托、瓦哈卡和普埃布拉丘陵地区。现世界各地均有栽培，国内也有很多爱好者推崇。

[**形态**] 植株单生，主根强大；茎扁圆球状，蓝绿色至墨绿色；棱13～35，尖锐。小窠着生于棱上；棱上具中刺1～4枚，扁平锥状，通常具有带状纹，但不如绫波的明显横纹，刺先端向下弯曲，基部红色；周刺6～8枚，浅黄色。花常在3～4月于植株顶端开放，钟形，紫色或粉红色，有白色条纹。浆果球状，初为绿色，成熟时洋红色。种子深棕色。

[**习性**] 夏型种，喜温暖气候，喜阳光充足和较肥沃保水的土壤。

[**繁殖**] 可播种、嫁接繁殖，常见播种繁殖。

巨鹫玉 *Ferocactus peninsulae* (A. Weber) Britton et Rose

巨鹫玉，种名意为多刺的，粗的，即本种刺很粗。日本园艺家在取名的时候，可能是出于其如秃鹫爪子一般的刺。

[**产地**] 原产于墨西哥下加利福尼亚半岛，如今已风靡美洲、欧洲、亚洲多地，是强刺球属中的代表种。

[**形态**] 植株单生，肉质茎球状、圆柱状，厦门市园林植物园的巨鹫玉已超过1米，而在漳州的部分大棚，其株高甚至接近3米。茎上具棱12～20，高且薄，棱顶端生小窠。小窠被褐色毡状毛；小窠上着生中刺4枚，形成一个近"十"字形，有环纹，先端钩状如秃鹫爪子；红色、灰白色或棕色；周刺6～13枚，新刺红褐色，老刺灰褐色或紫褐色。花顶生，漏斗状，红色、淡黄色、黄色或橙黄色，具深色中脉。果卵形至球形，外部被鳞片，初为绿色，成熟后黄色；种子黑色。

[**习性**] 夏型种，习性强健，生长容易，观刺观花都极为合适，深受爱好者们喜欢。

[**繁殖**] 可播种或嫁接繁殖。

赤凤 *Ferocactus pilosus* (Galeottiex Salm-Dyck) Werderm

当你看到阳光下成片的赤凤时，你一定会为它那红色带有光泽的刺而惊叹，绚丽又带有魔幻的色彩。赤凤常被爱好者们称为"红鯱"，因为它常和金鯱一起作为大型景观的主结构，常被人认为它是金鯱的变种。

[**产地**] 原产于墨西哥圣路易斯波托西、萨卡特卡斯、杜兰戈、新莱昂、科阿韦拉和塔毛利帕斯。现已推广至美洲、欧洲、亚洲多地。

[**形态**] 植株单生，或形成较大型的群体；茎球状、椭圆球状或圆柱状，绿色或暗绿色；茎上具棱13～20，幼年时棱尖，成熟时变钝，长满几乎相连的小窠。小窠密被白色细长毡毛，小窠上着生亮红色或红黄相间的刺，中刺6～12枚，具横纹，略弯曲；周刺众多，退化成刚毛状或掉落。花着生于茎的顶端，形成环状，橙黄色或红色。

[**习性**] 夏型种，喜温暖、干燥气候，喜阳光充足。

[**繁殖**] 可播种和嫁接繁殖。

黄彩玉 *Ferocactus schwarzii* Linds.

在仙人掌植物展馆的左侧，有一个特殊的群落，它们外形呈扁圆球状、球状或圆柱状，深绿色的表皮带着沧桑感，而到了 4～6 月，它们顶端会长出黄色或橙黄色的花朵，绚丽多彩。它们就是黄彩玉。

[产地] 原产于墨西哥锡那罗亚州北部，现美洲、欧洲、亚洲均有栽培。

[形态] 它通常单生，球体上具棱 13～19，小窠在棱上排列紧密；小窠上着生中刺 1 枚；周刺 1～5 枚；新刺黄色，老刺淡褐色。花顶生，钟状，环绕于顶端，极具观赏性。

[习性] 夏型种，习性强健，开花容易。

[繁殖] 可播种和嫁接繁殖。

士童属 *Frailea* Britton et Rose

士童属属名来自19世纪末美国农业部负责收集仙人掌科植物的曼努埃尔赖莱(Manuel Fraile)。在早期，士童属的物种被简单地归于其他属，如仙人球属或天伦柱属。直到1922年，由布里顿和罗斯等整理分类出这个新的属。士童属都是小型种，它们生长在南美洲的丛林中，单生或群生，茎扁圆球状至球状，直径最大不超过5厘米；茎上具棱或分化成疣突；棱上小窠具刺；花短漏斗状，常见淡黄色至亮黄色；果通常为球状或椭圆球状。士童属常见闭花授粉，故而想采收种子的你，有时看到它蓓蕾没有完全绽开，也不用太失望。种子椭圆状或帽子状，棕色或黑色。尽管该属有超过50个种被描述，但争议较大。

士童 *Frailea castanea* Backeb.

士童是一种非常独特的小型仙人掌科植物，也是最迷人的仙人掌科植物之一。在日本园艺领域得到极大推崇，衍生诸多品种，近些年在中国得到推广。它的种名 *castanea* 源于希腊语kastaneia，意为"栗、栗叶"，意指栗色，即红褐色。

[**产地**] 原产于阿根廷、巴西和巴拉圭接壤处。

[**形态**] 通常单生，具粗壮萝卜根。肉质茎扁圆球状至圆球状，褐绿色、红褐色至黑褐色。茎上具棱8～15，棱上着生白色至褐色小窠，小窠上具刺3～15枚，周刺短，紧贴于球茎表面，通常向下弯曲，无中刺；新刺淡褐色，老刺黑色。花常在4～7月开放，着生于球茎顶端，黄色，有时甚至比茎还大。士童可闭花授粉，果实球状，表面具鳞片和绵毛。种子帽子状。

[**习性**] 夏型种，春季和夏季可施用低浓度氮肥促进植株生长。全日照环境颜色更深，但夏季要避免直晒及温度过高，冬季保持干燥，在5～15℃温度下越冬。

[**繁殖**] 常见播种繁殖。

紫云丸 *Frailea grahliana* (F. Haage) Britton et Rose

紫云丸是小型仙人掌科植物，在原产地，紫云丸常生长在板岩边缘的平坦砂岩、砂岩碎片间的黏质土壤上或阳光充足的开阔地带及草地下。

[产地] 原产于巴拉圭和阿根廷。园艺栽培以日本和中国为主。

[形态] 初始常见单生，后逐渐生出侧芽，转为群生。同样具有粗壮萝卜根，茎球状，暗绿色、紫绿色至深紫色，顶部凹陷；棱分化为螺旋状排列疣突；疣突中心具白色小窠，小窠上着生周刺8～11枚，淡黄色，向后贴伏弯曲，无中刺。紫云丸常在春夏开花，花淡黄色至亮黄色。与士童一样，它也可闭花授粉，果实球状，表面具鳞片和绵毛。种子帽子状，棕色，光滑。

[习性] 夏型种，全日照环境颜色更深，故而栽培时可保持充足阳光，但夏季要避免直晒及温度过高，冬季保持干燥，在0℃以上温度环境下越冬。

[繁殖] 以播种繁殖为主。

裸萼球属 *Gymnocalycium* Pfeiffer ex Mittler

裸萼球属属名来自希腊语gymnos（裸露的）和kalyx（花萼），指的是该类植物花萼没有毛或刺。

原产于巴西南部、玻利维亚、阿根廷、乌拉圭和巴拉圭。现世界各地常见栽培。

裸萼球属植株单生、丛生或基部分生子球；肉质茎扁圆球状或圆柱状。茎上棱纵向或螺旋状排列。小窠着生于棱脊，常被短绵毛。小窠上着生各类刺。花着生于植株顶部，钟状、漏斗状，色彩丰富，有白色、黄色、粉色、洋红色、红色等；花托和花被管具鳞片。冬季休眠有利于它们翌年春季开花。果实球状或椭圆球状。

裸萼球属约60个种。日本、中国的园艺学家和爱好者们如今培育出了诸多品种。

绯花玉 *Gymnocalycium baldianum* (Spegazzini) Spegazzini

如果要评出中国现在繁殖量最大的仙人掌科植物，那么，绯花玉肯定能排进前几位。我国爱好者喜欢将它作为小型盆栽，它是裸萼球属的代表物种。

[**产地**] 原产于阿根廷安第斯山脉海拔500 ~ 2 000米的地区，如今世界各地均有栽培。

[**形态**] 肉质茎扁球形至圆球形，灰绿色至蓝绿色。棱7 ~ 11，被深的凹槽分割成疣突状。小窠生于棱上，小窠上着生周刺5 ~ 9枚，浅褐色、灰色或白色稍带红尖；无中刺。花常在5 ~ 7月着生于植株顶部，花漏斗状，白色、紫红色或粉色。果实纺锤形，蓝绿色或灰绿色，种子黑色。

[**习性**] 夏型种，喜疏松透气的弱酸性土壤，盛夏需要适当遮阴。冬季保持干燥，在闽南地区还可以少浇水，在北方尽量不浇水。

[**繁殖**] 可播种或嫁接繁殖。

勇将丸 *Gymnocalycium eurypleurum* F. Ritter

勇将丸名字听起来威风无比，而正如一位爱好者所说，它在开花的时候，是霸气中带着妩媚。

[**产地**] 原产于巴拉圭、玻利维亚。生长在海拔100 ～ 600米的区域。现世界各地均有栽培。

[**形态**] 肉质茎扁圆球状至短圆柱状，绿色、暗绿色至略带褐色，扁平球状（成熟的植株可能变成略短的柱状），先端有点凹陷。茎上具棱7 ～ 16，棱平且宽，通常在小窠位置上有一个小的水平凹痕。小窠被茸毛覆盖，上着生中刺0 ～ 2枚，周刺4 ～ 7枚；刺白色至浅棕色，锥状辐射或稍弯曲。花常在4 ～ 7月开放，生于植株顶端，钟形，白色或白色略带淡紫色，具深色中脉。

[**习性**] 夏型种，习性强健，夏季正午需要适当遮阴，冬季保持干燥，可短暂抵御0℃以下低温。它容易开花，深受爱好者们喜欢。

[**繁殖**] 可播种或嫁接繁殖。

瑞云丸 *Gymnocalycium mihanovichii* (Frič ex Gürke) Britton et Rose

瑞云丸，也称瑞云牡丹，种名*mihanovichii*是为纪念米哈诺维奇（Mihanovich），是国内最早引入的仙人掌科物种，尤其它的变种绯牡丹，从20世纪至今，长期被应用于园林景观中。

[**产地**] 原产于巴拉圭干旱亚热带区域的物种，由于其独特的色彩深受欢迎，现世界各地均有栽培。

[**形态**] 植株肉质茎扁圆球状或圆球状，灰绿色，常带红色或红褐色；茎上具棱8，稍凹，棱座下部有一个褶。小窠生于棱上，小窠上着生周刺5~6枚，黄灰色，弯曲；通常无中刺。花在6~7月开放于植株顶端，漏斗状，黄绿色、绿色或粉红色。果实纺锤形，灰绿色；种子黑色。

[**习性**] 夏型种，喜排水良好的肥沃土壤。夏季正午需要遮阴，冬季保持干燥，气温5℃以上可越冬，保持干燥可以抵御短暂的0℃低温。

[**繁殖**] 可播种、扦插或嫁接繁殖。

莺鸣玉 *Gymnocalycium pflanzii* (Vaupel) Werderm.var. *albipulpa* F. Ritter

莺鸣玉犹如一个长在地上的绿色鸟巢，可能园艺学家在取名的时候，就是把它想象成有黄莺在里面唱歌的鸟巢。莺鸣玉是天赐玉（*Gymnocalycium pflanzii*）的变种。

[**产地**] 原产于玻利维亚东南部、巴拉圭西北部和阿根廷北部的萨尔塔省、朱朱和图卡兰省，在海拔500 ~ 2 500米地区分布。现世界各地常见栽培。

[**形态**] 植株幼时单生，随年龄增长会滋生子球，形成丛生；茎扁圆球状或圆球状，浅绿色、绿色或橄榄绿色；棱8 ~ 12，成株棱常分化为疣突。小窠着生于棱顶或疣突顶端，被白色毡毛；中刺1枚，周刺6 ~ 9枚，白色、淡黄色至黄褐色，刺尖端红褐色至黑色。花常于5月开放于植株顶端，漏斗状，白色、粉红色或浅橙红色。

[**习性**] 夏型种，习性强健。喜阳光充足。根据实践，在南方地区可室外栽培。

[**繁殖**] 可播种、嫁接繁殖。

瑞昌玉 *Gymnocalycium stellatum* var. *kleinianum* Rausch ex H. Till & W. Till

瑞昌玉是龙头（*Gymnocalycium quehlianum*）的变种，深受广大爱好者欢迎，如今更衍生了很多杂交新品种。

[**产地**] 原产于阿根廷的物种，现世界各地均有栽培。

[**形态**] 植株单生或丛生；茎扁圆球状，暗红色、绿色或灰绿色；棱11～15，棱上具突起的圆形疣突和沟纹。小窠生于疣突上，周刺3～7枚，白色，紧贴球茎表面或直立。花着生于植株顶端，白色或粉色，喉部红色。

[**习性**] 夏型种，喜充足阳光，也能耐短时间光照不足，管理简单。

[**繁殖**] 常见播种或嫁接繁殖。

新天地 *Gymnocalycium saglionis* (Cels) Britton et Rose

"天翻地覆慨而慷。"新天地这个中文名听起来很壮阔，种名*saglionis*是为了纪念法国采集者斯卡利奥（Saglion）。

[**产地**] 原产于阿根廷北部及玻利维亚南部安第斯山的东坡，如今在园艺学的推动下，美洲、亚洲、欧洲均有种植，也是国内爱好者极其喜欢的一个物种。

[**形态**] 裸萼球属中的大型种。其植株单生；茎扁圆球状，绿色、暗绿色或蓝色；茎上具棱10～30，棱上具突起的圆形疣突，以螺旋状排列。小窠生于棱上或疣突上，小窠上着生中刺1～3枚，周刺8～15枚；刺弯曲，新刺黄褐色，老刺紫红色至灰黑色。花于5～7月开放于茎的顶端，漏斗状，白色或粉红色，喉部红色。果实球形，绿色，成熟后红色；种子褐色。

[**习性**] 夏型种，习性强健，喜充足阳光和较肥沃土壤。根据实践，在我国南方可进行露天栽培，在长江中下游和北方也是良好的室内盆栽种类。

[**繁殖**] 可播种或嫁接繁殖。

光琳玉 *Gymnocalycium spegazzinii* Britton et Rose subsp. *cardenasianum* (F. Ritter) Kiesling et Metzing

[**产地**] 光琳玉是天平丸（*Gymnocalycium spegazzinii*）的亚种，原产玻利维亚。

[**形态**] 通常单生，肉质茎扁圆球状，灰绿色。茎上具棱 10 ~ 15，突而平缓，在两个小窠之间下凹。小窠着生周刺 5 ~ 8 枚，坚硬，弯向茎的表面，刺褐色至灰褐色；通常无中刺。花着生于植株顶部，白色至淡粉色，喉部紫色。

[**习性**] 夏型种，习性强健，喜充足阳光和较肥沃土壤。耐暴晒。冬季温度低于 0℃ 以下，进入休眠期。

[**繁殖**] 可播种和嫁接繁殖。

卧龙柱属 *Harrisia* Britton

　　卧龙柱属属名 *Harrisia* 是为了纪念牙买加的威廉·哈利（William Harris），他对牙买加植物分类做出了很大贡献。

　　卧龙柱属原产于美国，经加勒比至南美洲的巴西、巴拉圭、玻利维亚和阿根廷。该类植物常具块根；常具主干，乔木状或灌木，有时攀缘，平卧或几乎俯卧状，细长；茎圆柱状，通常纤细，多分枝，分枝直立或拱形；茎上具棱3～12，疣突小或退化。小窠长于棱的突出部位或疣突的顶端；具刺数量不一。花常在夜间开放，漏斗形，白色。果实球状，肉质，黄色、橙色至橙红色，外被小窠，小窠具鳞片或刺；种子阔卵形，黑色。

新桥 *Harrisia martinii* (Labour.) Britton

[**产地**] 原产于阿根廷。

[**形态**] 攀缘型植物，肉质茎多分枝，茎上具棱4～5，棱端常分化出椭圆形突起。小窠着生棱上的突出处，被白色茸毛；小窠上具中刺1枚，周刺1～3枚。花在夜间开放于棱侧，白色或淡粉色。果实球状，红色。

[**习性**] 夏型种。习性强健，喜阳光充足，较耐寒，对土壤要求不高，生长较快。

[**繁殖**] 可播种或扦插繁殖。

念珠掌属 *Hatiora* Britton & Rose

念珠掌属属名 *Hatiora* 是为了纪念16世纪的植物学家托马斯·阿尔洛（Thomos Hariot）。这是一类附生或岩生植物，原产于巴西东南部。该属植物初时通常直立，后平铺或成拱形，最后下垂；肉质茎节棍棒状、圆柱状或扁平状，无棱或疣突。小窠被刺，软刚毛状或缺失。花生于小窠的顶端或与茎节混生，白天开花，漏斗状或钟形，黄色，粉红色或红色。

念珠掌属5个种。现世界各地常见栽培。

猿恋苇 *Hatiora salicornioides* (Haw.) Britton et Rose

猿恋苇也被称为念珠掌，它的种名 *salicornioides* 意为"盐角草状的"，指本种茎节犹如藜科的盐角草。

[**产地**] 原产于巴西的里约热内卢、巴拉那、圣保罗和米纳斯吉拉斯等处，现世界各地栽培。

[**形态**] 植株初直立，后逐渐变拱形或下垂，多分枝；肉质茎棍棒状，通常2～6个成螺旋排列，深绿色，有时带红色，有如一个个串起来的念珠。小窠具短刚毛。花着生于较嫩的茎节顶端，钟形，金黄色至橙色。

[**习性**] 喜温暖、湿润、有散射光的环境，生长期可适当追肥，冬季气温最好维持在10℃以上。

[**繁殖**] 通常采用扦插繁殖。

量天尺属 *Hylocereus* (A. Berger) Britton & Rose

　　量天尺属属名*Hylocereus* 来自希腊语hele（树林）及属名cereus（天轮柱属），意指产在森林中的仙人柱。这类植物分布于中美洲、西印度群岛以及委内瑞拉、圭亚那、哥伦比亚及秘鲁北部，常见为亚热带森林中的浮生类型植物。

　　量天尺属植物其实在我国的很多地方都可以见到，它们是最早被引入国内的仙人掌科植物之一。攀缘肉质灌木，具气生根；肉质茎多分枝，分枝常具3个角、棱或翅状棱。小窠生于角、棱边缘凹缺处，小窠上着生数量不一的硬刺。花单生于枝侧，漏斗状，常于夜间开放，白色或略具红晕；浆果球形、椭圆球形或卵球形，通常红色；种子多数，卵形至肾形，黑色，有光泽。

　　量天尺属约18个种，如今更衍生了诸多品种，如火龙果（*Hylocereus undatus* 'Foo-Lon'）。

量天尺 *Hylocereus undatus* (Haw.) Britton et Rose

　　量天尺常被称为三角柱、三棱箭。它的种名*undatus*意为"波状的"，指其茎节棱缘呈波浪状。

　　[产地] 原产于中美洲至南美洲北部的物种，如今世界各地广泛栽培。

　　[形态] 攀缘肉质灌木，具气生根；茎多分枝，具3角或棱，棱常翅状，边缘波状。小窠沿棱排列，小窠上着生1～3枚硬刺；刺锥状，灰褐色至黑色。花漏斗状，夜间开放，白色或略具红晕。浆果红色，椭圆球状，可食用。

　　[习性] 习性强健，栽培容易，喜温暖、湿润、阳光不太强的生长环境。抗寒性较差，仅可耐6～7℃低温。

　　[繁殖] 可播种或扦插繁殖，现常见扦插繁殖。它也是众多仙人掌种植者最常使用的砧木之一。

碧塔柱属 *Isolatocereus* (Backeb.) Backeb.

这又是一个单种的属，也被称为武临柱属。分布于墨西哥。现美洲、欧洲、亚洲均有栽培。

碧塔柱 *Isolatocereus dumortieri* (Scheidw.) Backeb.

碧塔柱，也被称为武临柱。虽然如今栽培较多，但国内爱好者目前对它还是比较陌生的，笔者也是到了近些年，才逐渐熟悉起来。

[**产地**] 原产于墨西哥境内的热带草原、枯灌丛、热带落叶林或岩石小山、悬崖边。

[**形态**] 中大型仙人掌科植物，具明显木质化主干，所以它被作为背景之一种在厦门市园林植物园的仙人掌植物展馆中；茎上多分枝，蓝绿色，被白色蜡粉。茎上具棱5～9，常见6棱，偶见9棱；棱上小窠长椭圆形，新生小窠离生，老龄小窠逐渐伸长并相连，呈灰色毡垫状；小窠上着生中刺1～4枚，周刺6～9枚；刺白色或黄色，基部红褐色。花顶生，夜间开放，持续开到第二天中午；管状或漏斗状，浅灰绿色至白色。果实卵状，红色，果实成熟后开裂并脱落。种子黑色，粗糙无光泽。

[**习性**] 夏型种，习性强健，耐干旱，喜强光。春夏生长季可酌情加大浇水量以促其生长，冬季保持土壤干燥。

[**繁殖**] 可播种或扦插繁殖。

光山属 *Leuchtenbergia* Hooker

光山属，原产墨西哥北部和中部。该属仅有1个种，即光山。

光山 *Leuchtenbergia principis* Hook.

20世纪80、90年代，仙人掌科的四大名球是花笼、菊水、光山、帝冠。在当时，这是原生种稀少、种植困难的四个物种。而在园艺学日益发达的今天，它们的园艺栽培种在植物园、种植户和爱好者手里繁殖得越来越多。

[**产地**] 原产于墨西哥。

[**形态**] 植株通常单生，偶有丛生。它的形态和很多仙人掌科植物有所不同，茎虽为短圆柱状或球状，却分化出很多长疣突，3棱锥状。小窠生在疣突尖端；小窠上着生数量不一的纸质刺，弯曲，黄白色。花着生于新生小窠的内缘，淡黄色至黄色，漏斗状，有香味。

[**习性**] 夏型种，栽培适宜用深盆和排水良好的沙质土或颗粒土，冬季应保持盆土干燥。

[**繁殖**] 可播种、嫁接繁殖。

乌羽玉属 *Lophophora* J. M. Coulter

乌羽玉属属名来自希腊语lophos（羽毛状）和phorein（带有），意指本属植物球体顶部有软毛。该属植物原产于墨西哥东部、北部和美国西南部。现美洲、欧洲、亚洲均有种植，长期以来一直深受园艺学家和爱好者们喜欢。

乌羽玉属植物通常具粗壮萝卜根；肉质茎扁圆球状或球状，单生或丛生。棱浅，小窠被白色绵毛，无刺。花着生于茎的顶部，钟形，白色、粉色或红色，可自花授粉。果圆柱形至棍棒状，粉红色或红色。种子阔卵形，暗褐色，无光泽。

乌羽玉属原为2个种，翠冠玉（*Lophophora diffusa*）与乌羽玉，2008年又新发现和命名小型乌羽玉（*Lophophora alberto-vojtechii*），现共3个种。

乌羽玉 *Lophophora williamsii* (Lem. ex Salm-Dyck) J. M. Coulter

前文提到过，墨西哥原住民在祭祀活动里会用到这种仙人掌科植物，具有一定的药用价值。

[**产地**]原产于美国和墨西哥，因其栽培方便，无刺，故而深受世界各地爱好者喜欢。

[**形态**]单生或丛生；具粗壮萝卜根；肉质茎圆球状至扁圆球状，蓝绿色，偶有红绿色，成株茎基部会木质化；茎上具浅棱4～14。花着生于植株顶端，通常粉红色或粉白色，有时红色。果圆柱形至棍棒状。

[**习性**]夏型种，喜阳光充足。常见变种为银冠玉（*Lophophora williamsii* var. *fricii*）。

[**繁殖**]可播种或嫁接繁殖。

乳突球属 *Mammillaria* Haworth

乳突球属是当前已知的仙人掌科中种及品种最多、最不易辨别的一个属，但也让人着迷。

乳突球属属名来自拉丁语mammilla（乳头、乳房），指该属物种的疣状突起呈乳头状。该属原产于墨西哥，向北达美国西南部，南达哥伦比亚北部和委内瑞拉。在经园艺推广后，在世界仙人掌科爱好者中可谓是"天下谁人不识君"。

乳突球属植株单生或群生；肉质茎球状、卵状、短圆柱状或陀螺状，直立或倾卧；棱分化为乳头状疣突，疣突螺旋状排列，圆锥状至圆柱状。小窠位于疣突顶端，具各式刺，部分种类有白色星状绵毛。花着生于近顶端疣突与疣突之间隐匿的小窠上，钟形、漏斗形或稀高脚碟状，白天开放；花托裸露，稀具少数腋部裸露的鳞片；花有白、黄、粉、红、紫红、水红等色；果长球状、棍棒状或倒卵球状，红色、紫色或淡绿色；种子近球状至倒卵球状，黑色至褐色。

乳突球属150 ~ 200个种，变种、品种众多。

白鹭 *Mammillaria albiflora* (Werderm.) Backeb.

[**产地**]原产于墨西哥瓜纳华托州以南，通常生长在海拔2 200米左右的地域。如今，美洲、欧洲、亚洲均有栽培。

[**形态**]单生或群生；具粗壮块根；茎球状或圆柱状；棱分化为圆锥状至圆柱状疣突，螺旋排列。小窠位于疣突顶端，无中刺，周刺40 ~ 80枚，呈放射状，细而交错地紧贴在植株表面，白色。花着生于植物的顶部，漏斗状，通常白色。种子黑色。

[**习性**]夏型种，应尽量避免高温高湿环境，夏季适当遮阴，保持通风，冬季维持土壤干燥。

[**繁殖**]可播种、分株、嫁接繁殖。

芳香丸 *Mammillaria baumii* Backeb.

乳突球属的物种很多，但如果要从其中选出最普及和受欢迎的物种，芳香丸一定是其中之一，也被称为香花丸或芳香玉。

[产地] 原产于墨西哥塔毛利帕斯州的物种，在原产地其实是比较罕见的，但在园艺推广下，如今在许多地方都可见到。

[形态] 常见群生；肉质茎球状；刺在疣突上密密麻麻的交错生长，中刺5～11枚，针状；周刺30～50枚，软毛状；刺白色或淡黄色，紧贴茎，并把原本绿色的茎部包裹成白色。芳香丸球如其名，在5～7月的花期，常见数十朵淡黄色或黄色的漏斗状小花围绕球体顶部，散发出类似柠檬的芬芳香味，沁人心脾又赏心悦目。

[习性] 夏型种，栽培容易，冬季应注意保持土壤干燥。

[繁殖] 可播种、分株、嫁接繁殖。

高砂 *Mammillaria bocasana* Pos.

提到高砂，很多爱好者的第一想法是景天科名为"高砂之翁"的奇特植物，宽厚有褶皱的叶片常让人将它戏称为"包菜"。而仙人掌科的高砂，在形态上就迥然不同了。

[**产地**] 原产于墨西哥中部北部的高砂，是仙人掌科植物中的小型物种。

[**形态**] 肉质茎球状或圆柱状；疣突短圆锥状，如乳突；与芳香丸一样，高砂小窠上密密麻麻的刺交错生长，遮住了球体原本的蓝绿色，通常具中刺1～7枚，浅红褐色至红褐色，其中1～2枚先端钩状；周刺20～50枚，白色，毛发状或丝状。花环绕球体顶部，漏斗状，乳白色、乳黄色或粉红色。

[**习性**] 夏型种，喜通风透气环境，喜阳光充足，生长容易，深受世界各地爱好者喜欢。

[**繁殖**] 以播种、嫁接繁殖为主。

丰明丸 *Mammillaria bombycina* Quehl

丰明丸与明丰丸，很多爱好者表示傻傻分不清楚。这两个种确实有些相似，而明丰丸（*Mammillaria perezdelarosae*）是爱好者常说的"佩雷"。丰明丸与明丰丸的显著区别在于明丰丸通常仅1～2枚中刺，中刺较硬，黑色；花也以红色为主。此外，丰明丸成株比明丰丸大一些。

[**产地**] 原产于墨西哥的哈利斯科州东部或北部，常见于高山、陡坡栎林、落叶层中，有时也生长于难攀缘的悬崖峭壁上。如今美洲、欧洲、亚洲有栽培。

[**形态**] 单生或群生，肉质茎球状；茎上疣突圆锥状，疣突上小窠具中刺3～8枚，中刺黄色至红褐色，柔软，尖端红色或黑色，最下端的一根中刺呈钩状向下；周刺30～60枚，放射状着生，紧贴于植株表面，白色至黄白色。花环绕植株顶部开放，淡紫红色，粉红色或白色。

[**习性**] 夏型种，喜充足阳光，喜温暖、干燥气候，生长季节要求阳光充足，排水良好。不耐低温，冬季应注意保暖。

[**繁殖**] 以播种繁殖为主。

嘉文丸 *Mammillaria carmenae* Castaeda

[**产地**] 原产于墨西哥，常生长于松林北侧、岩石裂隙中的小型物种，如今美洲、欧洲、亚洲均有栽培。

[**形态**] 单生或群生，肉质茎球状或短圆柱状。茎上具乳头状疣突，疣突上小窠着生周刺众多，无中刺。刺柔软，白色、淡黄色或褐色。花常在4～6月开放，常环绕于球茎的中上部或顶部，钟形或漏斗形，白色、粉红色或淡紫色，花被片中心有粉红色条纹。果绿色，棍棒状；种子黑色。

[**习性**] 夏型种，适应性极强，极适合仙人掌科爱好者作为盆栽种植，国内很多爱好者在刚种植仙人球的时候，都会选择它。

[**繁殖**] 以播种繁殖为主。

金手指 *Mammillaria elongata* DC.

金手指也叫金手球。这可不是玩游戏的作弊器，而是长得如金色手指一般的乳突球属小型仙人球——其形态也是名字的由来。

[**产地**] 原产于墨西哥的瓜纳华托州、伊达尔戈州和克雷塔罗州。如今美洲、欧洲、亚洲有栽培。在引入我国后，深受爱好者们喜爱，各地温室常见栽培，南方地区也见露天栽培。

[**形态**] 常见群生，茎直立、上升、匍匐或平卧，细长圆柱形，暗黄绿色或黄褐色；圆锥状疣突螺旋状排列，中刺0～2枚，周刺15～25枚，针状，白色、金黄色或褐色。花4～6月开放于茎的中上部，钟形，白色至淡黄色。果棍棒状，红色；种子淡褐色。

[**习性**] 夏型种，它是极易种植的物种，建议栽培基质选用通风透气的土壤，加少量泥炭。冬季保持干燥可以忍受−5℃低温。

[**繁殖**] 可播种、分株繁殖。

白玉兔 *Mammillaria geminispina* Haw.

"小白兔，白又白，两只耳朵竖起来。"如果有人问你，这首众所皆知的童谣说的是哪一种仙人球，你会想到乳突球属的白玉兔，那么恭喜你，你已经是资深的爱好者了。种名*geminispina*意为"双刺"，指的是本种具中刺的特征。白玉兔是乳突球属的典型物种。

[**产地**] 原产于墨西哥。现美洲、欧洲、亚洲都有栽培。虽我国各地也常见栽培，但很多人并不知晓它的大名。

[**形态**] 常形成大的群生；茎短圆柱状，浅绿色；茎上疣突圆锥状，小窠上着生中刺2～6枚，通常2枚，白色，直或稍弯；周刺15～20枚，白色，交错生长；刺密布球体使球体呈现白色。花常在4～6月开放，钟状，粉红色至深红色，具深色的中脉。果实红色，种子褐色。

[**习性**] 夏型种，喜充足阳光，喜温暖干燥气候，生长季节要求阳光充足，排水良好。冬季应注意保暖。

[**繁殖**] 以播种繁殖为主。

白珠丸 *Mammillaria geminispina* var. *nobilis*

说完白玉兔，接下来了解一下白珠丸这个如今遍布我国各地、深受爱好者喜欢的物种，它是白玉兔的长刺变种。

[**产地**] 原产于墨西哥。

[**形态**] 单生或群生，茎球状至圆柱状，绿色至深绿色，高6～10厘米，直径5～6厘米。它与白玉兔的不同在于疣突上小窠茸毛及刚毛较少或无，并不遮挡球体表面。同时，它的中刺较长，可达5～6厘米，较弯曲，且刺尖，白色。花钟状，粉红色至深红色，具深色的中脉，长和直径1～2厘米。果实棍棒状，红色，种子褐色。

[**习性**] 夏型种，喜充足阳光，喜温暖、干燥气候，生长季节要求阳光。

[**繁殖**] 以播种繁殖为主。

丽光殿 *Mammillaria guelzowiana* Werderm.

［**产地**］原产于墨西哥的杜兰戈州，是原产地的濒危物种，通常见到的多数为栽培种。现在美洲、欧洲、亚洲有栽培。

［**形态**］单生或群生；肉质茎球状，顶端压扁，浅绿色；疣突圆锥状。小窠着生于疣突上，小窠上着生中刺1～6枚，针状，黄色或红褐色，末端具钩；周刺60～80枚，多呈白色毛发状，另有少部分较硬，呈褐色，扭曲、光滑；刺将球体表面覆盖。花漏斗状，具清香，亮粉红色至深紫色。

［**习性**］夏型种，喜充足阳光，喜温暖干燥气候，生长季节要求阳光充足，排水良好；冬季应注意保暖。

［**繁殖**］主要为播种繁殖。

克氏丸 *Mammillaria hernandezii* Glass & R. Foster

[**产地**] 原产于墨西哥中部瓦哈卡，生长在海拔2 200 ~ 2 300米的橡树松林空地和石灰岩山坡草地上。由于山羊放牧的影响，其栖息地的环境质量和成株数量都在不断下降。

[**形态**] 通常单生，也见缓慢丛生，具肥厚肉质根。其肉质茎球状，深绿色，通常直径和高度不超过4.5厘米。茎上密布锥状疣突，疣突腋部具白色短毛，疣突上着生周刺17 ~ 25枚，长1 ~ 2厘米，白色、乳白色或黄褐色，略向后弯曲，不交错。无中刺。花常于11月至翌年1月开放，樱桃红至洋红色，偶见白色；花喉稍白。花长和直径为2 ~ 2.5厘米。

[**习性**] 生长缓慢，水多容易腐烂，需选用排水良好的土壤。冬季也需要保持充足的阳光，越冬需要保持8℃以上气温。

[**繁殖**] 以播种为主。据爱好者介绍，该物种是仙人掌科植物中为数不多的隐果型植物之一。其开花结果后种子会留在球体内，非常难发现和取出，有时候甚至多年不显露。且由于原产地通常植株死亡后果实才掉落，故而为了繁殖下一代，新鲜的种子含有抑制剂，预防其过早发芽，老种子发芽率反而要高一些，因此播种繁殖可以说是一件很有挑战的工作。

白鸟 *Mammillaria herrerae* Werdermann

[**产地**] 原产于墨西哥的克雷塔罗，由于无节制的盗挖，在原产地已经属于极危状态。但如今美洲、欧洲、亚洲均有栽培，尤其深受日本和中国爱好者喜欢。

[**形态**] 小型物种，肉质茎球状或圆柱状，淡绿色；疣突上小窠着生100枚以上周刺，呈辐射状紧贴球体；无中刺。刺完全遮挡球茎，导致其看起来像一个高尔夫球。白鸟与白鹭很相似，不过相对白鹭，白鸟极少群生，且相对于白鹭常见的白色花，白鸟常为粉红或红紫色花。

[**习性**] 夏型种，白鸟喜充足的阳光，暴晒可以控制株型并促进开花，但通常需要3年以上植株才会开花。白鸟不易种植，生长速度十分缓慢，成株对水分很敏感，因此一定要选择透气性好、矿物质含量高的偏弱酸性土壤和通风的环境，尽量不要使用泥炭、蛭石等太过保水的种植基质。冬季注意保持干燥和保暖。

[**繁殖**] 主要为播种繁殖。

玉翁 *Mammillaria hahniana* Werderm.

玉翁，种名*hahniana*是为了纪念人名Hahn。它是仙人掌爱好者耳熟能详的一个物种。众多爱好者心中的经典物种。而其亚种映雪丸（*Mammillaria hahniana* subsp.*bravoae*）、褐裳丸（*Mammillaria hahniana* subsp. *Mendeliana*）等，也深受推崇。

[**产地**] 原产于墨西哥，如今美洲、亚洲、欧洲均有栽培。尤其在日本和中国得到了发扬光大。

[**形态**] 单生或群生；茎球状，绿色；疣突螺旋状排列，圆锥状，疣腋具白色绵毛。疣突上小窠被长短不一的众多白色绵毛；小窠上着生中刺0～6枚，直，无钩，分叉，黑色至红色，随着年龄增长变灰；周刺8～36枚，针状，直或微弯，白色；球体被绵毛与刺完全覆盖呈白色。花常于春季环绕于植株顶端，漏斗状，紫红色，具较深的中脉。果棍棒状，紫红色。

[**习性**] 夏型种，喜排水良好的肥沃土壤。春夏生长季节要求阳光充足，盛夏适当遮阴，冬季应注意保暖。

[**繁殖**] 主要为播种繁殖。

白绢丸 *Mammillaria lenta* K. Brandegee

[产地] 原产于墨西哥的科阿韦拉。现美洲、欧洲、亚洲有栽培，是一种常见的仙人球。

[形态] 初时单生，随着年龄增长，逐渐变为群生。肉质茎扁圆球状或球状，绿色或黄绿色；茎上疣突圆锥状，疣突上小窠着生周刺30～40枚，白色或微黄色，密密麻麻覆盖球体；无中刺。花环绕球体中上部，漏斗状，白色、粉红色或紫色，具深色中脉。果实棍棒状，红色。

[习性] 夏型种，喜充足阳光，喜温暖干燥气候，生长季节要求阳光充足，排水良好。

[繁殖] 以播种繁殖为主。

金星 *Mammillaria longimamma* DC.

说起金星，也许有人会想到九大行星或某位著名演员，但在仙人球爱好者心中，除了这些以外，它还代表了一个很常见的仙人掌科物种。

[**产地**] 原产于墨西哥中部。如今美洲、欧洲、亚洲均有栽培。

[**形态**] 刚开始通常单生，后基部萌发子球而形成群丛；具萝卜根；肉质茎球状，绿色；疣突圆柱状，疣突上小窠着生中刺1～3枚，黄白色；周刺8～10枚，黄色、黄白色或褐色，与大多数乳突球属植物不同，它的刺并不覆盖球茎。花着生于疣突基部小窠，漏斗状，黄色。

[**习性**] 夏型种，喜温暖、干燥气候，需排水良好、肥沃的土壤。夏季适当遮阴，冬季注意保暖。

[**繁殖**] 常用播种繁殖。

金洋丸 *Mammillaria marksiana* Krainz

[产地] 原产于墨西哥杜兰戈州，常生长在岩石山区腐叶聚集的石缝或林下地带。现美洲、欧洲、亚洲有栽培。

[形态] 起初为单生，后随着年龄增大，萌发子球而群生；茎扁圆球状或球状，绿色或黄绿色；疣突锥状，下部四棱状，疣腋具白色绵毛。小窠着生在疣突上，上面着生刺4～21枚，针状，金黄色至黄褐色。花于4～5月开放，环绕着生于茎的中上部，漏斗状，黄色至黄绿色。

[习性] 夏型种，喜温暖、干燥气候，喜腐殖质较多的土壤。春夏生长季给予充足阳光，冬季注意保暖。

[繁殖] 以播种、分株繁殖为主。

马图达 *Mammillaria matudae* Bravo

马图达也叫马氏乳突球。来到厦门市园林植物园的游客，在看到马图达后，有不少人都会觉得好奇，问工作人员这是什么仙人掌，怎么仙人掌还能长这样？

[**产地**] 原产于墨西哥格雷罗州、米却肯州和墨西哥边境附近。现世界各地均有栽培。

[**形态**] 植株单生，或从基部萌发子球而群生；茎球状或圆柱状，直立或长到一定程度后会匍匐，表皮黄绿色或绿色，匍匐时犹如穿梭在地面上的小蛇一般；疣突圆锥状，小窠着生于疣突顶部，被白色毡毛；小窠上具中刺1枚，白色，随年龄增长呈现灰白色或褐色；周刺18～20枚，白色、半透明，具黄色的基部，紧贴茎排列，基本覆盖整个茎部。花于4～5月开放，环绕于植株近顶端，漏斗状，红紫色，长2厘米；直径1～2厘米；花被片倒披针形，淡紫红色或紫红色。

[**习性**] 夏型种，生性强健，喜阳光充足和昼夜温差大。

[**繁殖**] 可播种、扦插或分株繁殖。

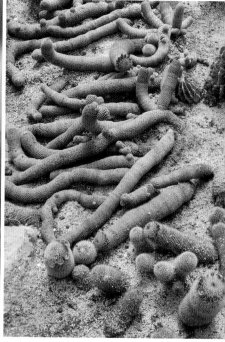

绯威 *Mammillaria mazatlanensis* K. Schum. ex Gürke

绯威也被称为绯色，是乳突球属中比较常见的物种，但包括爱好者在内，大多数人可能并不知道它的名字。

[**产地**] 原产于墨西哥的物种，如今美洲、欧洲、亚洲均有栽培。

[**形态**] 通常群生，茎圆柱状，灰绿色；茎上圆锥状疣突呈螺旋状排列；疣突上小窠着生中刺1～4枚，有时先端带钩，红褐色；周刺12～18枚，细长，针状，白色。花于5～6月着生于茎上侧疣突的基部，漏斗状，洋红色。

[**习性**] 夏型种，喜阳光充足，喜排水良好的肥沃土壤，种植容易。

[**繁殖**] 可播种、扦插或分株繁殖。

白斜子 *Mammillaria pectinifera* F. A. C. Weber

这是一种小巧精致的仙人掌科植物，爱好者常将它与精巧殿混淆，最显著的差异是白斜子开花在球体中上部侧面，而精巧殿开花在顶端。

[**产地**] 原产于墨西哥普埃布拉州，地处南马德雷山延伸段，生长在碱性较深的石灰质土壤上。

[**形态**] 通常不分枝，但也见随着年龄的增长，最终会产生簇生的分枝。肉质茎球状、扁圆球状或圆柱状，直径1～5厘米，中心凹陷；茎淡绿色至绿色，茎上疣突密布淡褐色小窠，每个小窠上着生周刺20～40枚，白色，长0.1～0.2厘米，紧贴茎部。无中刺。通常在11月至翌年3月开花，花环绕于球体中上部，白色、黄色或粉红色，中间有深色的条纹，长与直径均为2～3厘米。果实长圆球状，直径0.5厘米，成熟的果实呈红色。

[**习性**] 夏型种，喜阳，生长相对缓慢。应注意保持土壤疏松、透气，春季和夏季是其生长旺季，可适当多浇水，并施加肥料。夏季适当遮阴。冬季休眠期保持干燥。

[**繁殖**] 通常以播种、扦插或嫁接繁殖。其扦插繁殖栽培时较容易腐烂，但嫁接后很容易生长。

明丰丸 *Mammillaria perezdelarosae* Bravo & Scheinvar

前面说到丰明丸的时候，有提过明丰丸，也就是爱好者常说的"佩雷"。

[**产地**] 原产于墨西哥的阿瓜斯卡连特斯、哈利斯科。

[**形态**] 肉质茎球状或短圆柱状，单生或群生，深绿色。茎上具圆锥状疣突，疣突上小窠着生中刺1～2枚，黑色，基部略带暗红色，至少有一枚先端带钩；周刺30～60枚，梳子状着生，白色。花绿色、白色或乳白色。

[**习性**] 夏型种，需要大量的阳光，阳光可促进花和刺的生长，但不可暴晒。冬季保持土壤干燥可耐0～5℃低温。

[**繁殖**] 以播种繁殖为主。

白星 *Mammillaria plumosa* F. A. C. Weber

如果说景天科的高砂之翁如包菜一般,那么仙人掌科的白星,看着就像花椰菜了。

[**产地**] 原产于墨西哥北部的白星,在其原产地曾于圣诞节在当地市场出售,被用来装饰耶稣诞生的场景。在园艺栽培的推动下,如今美洲、欧洲、亚洲均有栽培。

[**形态**] 单生或群生植株。茎球状,淡绿色,茎上疣突圆筒状,疣腋被茸毛。疣突上小窠着生周刺约40枚,刺柔软,白色,羽状交错,使得植株由于着刺密集而呈现白色;无中刺。花期12月至翌年3月,花着生于茎的顶端,漏斗状,白色至淡黄色,具浅红色中脉。果实棍棒状,白色。种子黑色。

[**习性**] 夏型种,但在秋冬季也可生长。喜阳光充足、土壤疏松且具一定湿度的环境。

[**繁殖**] 可播种、嫁接繁殖。

松霞 *Mammillaria prolifera* (P. Mill.) Haw.

金镶玉，既有黄金的雍容富贵，又有玉石的纯洁温润。在乳突球属中，也有一种金镶玉似的物种，它就是松霞。种名 *prolifera* 意为"生育力强的"，指本种易萌发子球。松霞也被称为金松玉或黄毛球。

[产地] 原产于美国、墨西哥及古巴，生于山地下的灌木丛中、低海拔的草原上。如今欧洲及亚洲有栽培。

[形态] 通常多分枝，密集成大型的簇生群丛；肉质茎球状至圆柱状；茎上疣突短圆柱状至圆锥状。疣突上着生中刺4～12枚，针状，白色、黄色或微红色，尖端较暗；周刺25～40枚，刚毛状，常与中刺交错，白色、黄色或褐色。花生于茎上侧至顶部疣突的基部，漏斗状，黄色。果棍棒状，深红色，晶莹剔透，故而当它结果的时候，犹如黄金镶红玉一般。

[习性] 习性强健，对土壤要求不高，几乎全年可见开花结果，深受爱好者喜欢。

[繁殖] 以播种繁殖为主。

蓬莱宫 *Mammillaria schumannii* Hildm.

"蓬山此去无多路，青鸟殷勤为探看。"在中国神话体系里，蓬莱一直被当作仙家胜地，汉武帝东巡望海中蓬莱，于是筑城为名，也就是今天的山东蓬莱；而唐高宗更将大明宫改为蓬莱宫……神话故事虚无缥缈，但仙人掌科植物中，也有这么一个物种，叫蓬莱宫。

[产地] 原产于墨西哥的佛罗里达湾。如今美洲、欧洲、亚洲有栽培。

[形态] 单生或群生，球状。肉质茎上疣突短而粗，圆柱状。小窠上着生中刺1～3枚，刺基部白色，刺先端棕黑色，常具钩；周刺10～15枚。花着生于茎近顶端，漏斗形，粉红色至紫红色。

[习性] 夏型种，喜弱酸性土壤，冬季最好也不要完全停水。蓬莱宫很容易开花，播种后第二年就会开花。

[繁殖] 主要采用播种或嫁接繁殖。

月宫殿 *Mammillaria senilis* Salm-Dyck

"明月几时有？把酒问青天。不知天上宫阙，今夕是何年？"在我国很多古诗词里，都有关于月中宫殿的描述。而在乳突球属植物中，也有这么一个物种叫月宫殿。其球体潇洒，花后红色浆果久留球顶，观赏效果良好。

[产地] 原产于墨西哥，如今美洲、欧洲、亚洲均有栽培。

[形态] 植株单生或群生。茎球状或圆柱状。茎上疣突圆锥状。疣突上的小窠具中刺4～6枚，白色，尖端黄色，上下两根先端具钩；周刺30～40枚，纤细，白色；刺包裹球体，使其呈现雪白球状。花常在4～5月开放，于大多数乳突球属植物不同，它的花顶生，也较大，漏斗状，橙红色，偶见粉色、黄色或近白色。浆果红色。

[习性] 喜温暖干燥和阳光充足的环境。不耐寒，耐半阴，怕烈日暴晒。喜疏松、肥沃带微酸性的沙壤土。冬季温度不低于5℃。

[繁殖] 以播种和嫁接繁殖为主。

猩猩球 *Mammillaria spinosissima* Lemaire

猩猩球别称多刺球，因红褐色的刺也被称为"红发爱尔兰人"。

[**产地**] 原产于墨西哥格雷罗州及莫雷洛斯州。

[**形态**] 单生或群生，茎球状或圆柱状，茎表面深蓝色或绿色，长7～15厘米，直径4～8厘米。茎上密布圆锥状疣突，疣腋具刚毛或无刚毛。疣突顶端小窠上着生中刺4～15枚，淡红色、红色或红褐色；周刺20～26枚，白色、黄色或褐色。刺针状，顶端褐色。茎几乎隐藏在浓密刺的覆盖之下。猩猩球通常在12月至翌年3月开花，花环绕球茎上部，深粉红色、洋红色或紫红色，长和直径都为1～2厘米。果实棍棒状，长可达2厘米，略带绿色或紫红色。种子红棕色。

[**习性**] 夏型种，容易种植，建议使用通风透气的肥沃土壤，加少量泥炭。冬季保持干燥可短暂忍受低温，但通常建议在5℃以上越冬。

[**繁殖**] 以播种和嫁接繁殖为主。

银手指 *Mammillaria vetula* Mart.

前面提到过金手指，现在讲一讲银手指。
顾名思义，这个物种犹如银色的手指状，但
在国内流通过程中，它常被商业行为误导为
白鸟，以至于很多爱好者或商家以为它就是
白鸟。其实它是*Mammillaria vetula*的变种。
*Mammillaria vetula*中文名也叫银手指，但该
物种并不流行。

[**产地**] 原产于墨西哥。现美洲、欧洲、亚
洲常见栽培。

[**形态**] 通常群生，或形成一个大而圆的
堆状群丛；茎球状或短圆柱状，灰蓝绿色；疣
突钝圆锥形，疣突上小窠着生中刺1～2枚，白色至浅褐色，有时无中刺；周刺11～16枚，针
状，粗短，白色。花着生于茎的顶部，漏斗形，柠檬黄色。果棍棒状，白色至绿色；种子黑色。

[**习性**] 夏型种，它是非常容易种植的物种。建议使用疏松透气的土壤。冬季保持干燥可以
忍受0℃低温。

[**繁殖**] 常见播种、分株或嫁接繁殖。

黛丝疣 *Mammillaria theresae* Cutak

[**产地**] 原产于墨西哥杜兰戈州，常生长于海拔2 150 ～ 2 300米的康尼托山脉东坡石灰岩岩层上的苔藓斑块中，以及附近的松栎林和草原上。

[**形态**] 黛丝疣与很多乳突球属植物在外形上都差异较大，其单生或群生，具有强大的主根。茎球状至圆柱状，橄榄绿色中带紫红色，常群生连接在一起形成块状。茎上密布锥形疣突，疣突上小窠着生周刺20 ～ 30枚，白色或黄白色，半透明，刺上具横向软毛，刺呈羽状。无中刺。花通常在5 ～ 6月开放，漏斗状，粉红色或洋红色。果实棍棒状，长约1厘米。

[**习性**] 原产地的黛丝疣非常耐霜，且极耐低温，可在当地−10℃以下的环境里生存。但根据厦门的栽培经验，黛丝疣是夏型种，喜温暖干燥、阳光充足的环境。春夏生长季节可适当加大浇水量，越冬气温最好保持8℃以上。

[**繁殖**] 以播种、扦插或嫁接繁殖为主。不同于大多数仙人掌科植物，黛丝疣属隐果型，其果实和种子常在体内停留多年。在原产地通常只有在老茎解体后植物死亡时种子才会掉出来，园艺栽培中可用尖细的镊子来收集果实取种。种子的活性可以持续较久，长达多年，而且种子含有抑制因子，可以防止种子过早发芽。从别的爱好者实践得知，新鲜的种子较难发芽，老种子发芽率反而要好一些，有时甚至要等5年以上。目前，播种繁殖仍然是一个挑战。

白仙玉属 *Matucana* Britton & Rose

白仙玉属属名来自秘鲁利马附近的Peruvian镇。该属原产于秘鲁，通常单生或基部分枝，有的形成群生。茎球状至短圆柱状，绿色或黄绿色。棱少数至多数，不明显，分化为扁平的疣突。小窠通常具白色或褐色绵毛。刺黄色、黑色、灰色或白色。花生于植株顶端，漏斗形，通常两侧对称，红色、橙色、黄色或白色。果球形，稍肉质，中空，纵向开裂；种子卵形或帽状。

白仙玉属有17种，喜欢阳光，但是在炎热的夏季需要遮阴。通常不耐寒，冬季气温应保持在5℃以上。

奇仙玉 *Matucana madisoniorum* (Hutchison) G. D. Rowley

[**产地**] 奇仙玉也叫贵仙玉，原产于秘鲁亚马孙地区。原产地因山羊啃食难以见到，但栽培种如今在美洲、欧洲、亚洲均可见。

[**形态**] 植株单生，有时基部分枝，形成丛生；茎扁圆球状，随年龄增长而变为圆柱形；绿色、蓝色至灰绿色。茎上具棱7～12，不明显，宽平。棱上小窠着生刺1～3枚，初为黑色，随年龄增长变灰褐色；有时会随年龄增长后脱落。花着生于植株顶端，漏斗状，橙红色至红色，左右对称，或单侧倾斜。

[**习性**] 夏型种，盛夏强阳时适当遮阴，冬季气温需保持10℃左右。建议每年换土促进生长。

[**繁殖**] 以播种、分株繁殖为主。

花座球属 *Melocactus* Link & Otto

花座球属也被称为云属。属名*Melocactus*来自拉丁语melo（瓜）和希腊语Kaktos（仙人掌），意指本属外形如瓜。

花座球属原产于墨西哥、西印度群岛和南美洲北部。其中许多种是濒危物种。茎球状，通常单生，偶尔出现花座被破坏而长出侧芽。棱8～27，纵向排列；无疣突。小窠上着生数量众多的刺，中刺与周刺不易区分，幼苗的刺常呈钩状。当它们成熟时，身体停止生长，并在球顶长出冠状的花座，花座上被绵毛和刚毛。花与果着生于花座之上，花粉红色、水红色或红色，可自花授粉。果实棍棒状，一端尖，粉白、粉红、水红或红色。

花座球属约33个种，该属容易烂根，所以应选用排水良好的土壤。它们是夏型种，充足阳光有利于其花座生成。在冬季减少浇水。

蓝云 *Melocactus azureus* Buining et Brederoo

[**产地**] 原产于巴西巴伊亚州。如今美洲、欧洲、亚洲均有栽培。

[**形态**] 通常单生，茎球状至圆柱状，蓝色，表面具白粉。棱9～12，棱脊截面三角形。小窠分布于棱脊上，小窠上着生刺9～13枚，暗红色或黑色至灰色。成株生出花座，花座上被绵毛。花环绕开放于花座顶部，水红色。果实棍棒状，一端较尖，犹如一个个倒插的辣椒——这也是很多游客惊叹的地方。

[**习性**] 夏型种，喜排水良好的土壤，喜昼夜温差较大。

[**繁殖**] 通常播种繁殖。

彩云 *Melocactus intortus* (P. Mill.) Urb.

在仙人掌植物展馆内馆，有一株红褐色、花座高高隆起的花座球属植物，由于这与众不同的特征，也被很多人称为"鸿运当头"。它就是彩云。

[**产地**] 原产于多米尼加、巴哈马、波多黎各等地，现世界各地均有种植。

[**形态**] 通常单生，肉质茎球状至圆柱状，灰绿色。茎上具棱14 ~ 17。小窠生于棱上，小窠上着生刺9 ~ 21枚，黄色至褐色。花座被褐色刚毛。花着生于花座顶端，粉红色。果棍棒状，一端较尖，粉红色。

[**习性**] 夏型种，是海岛型花座球属的代表物种，喜充足的阳光，冬季不耐寒，应节制浇水。

[**繁殖**] 通常播种繁殖。

南美翁柱属 *Micranthocereus* Backeberg

南美翁柱属属名*Micranthocereus*来自希腊语micro-（小）和anthos（花），意指这类植物的花较小，所以它也被称为小花柱属。

南美翁柱属原产于巴西中东部，现美洲、亚洲均有种植。植株通常单生或丛生，不分枝，或基部分枝；茎圆柱状，茎上具棱10～30，或更多。棱上小窠常被长绵毛或刺。小窠上密生刺众多；南美翁柱属是老乐柱属以外具侧花座的属，其侧花座浅，被绵毛和刚毛；花着生于茎边侧或侧花座，常簇生，管状，白色、水红色至红色。果红色；种子深褐。

南美翁柱属有9个种。

爱氏南美翁 *Micranthocereus estevesii* (Buining et Bred.) F. Ritter

[**产地**] 原产于巴西北部、中西部及东南部地区，包括坎普斯贝卢斯、戈亚斯、塔瓜廷加，生长在热带草原、干旱的半落叶林中、裸露的石灰岩石滩上。原产地炎热，半干燥，降雨主要在夏季。如今在美洲、亚洲均有种植。

[**形态**] 通常单生，肉质茎圆柱状，直立，几乎不分枝。绿色至蓝绿色。茎上具棱37～42。棱上小窠被白色至淡黄色绵毛和柔毛。小窠上着生中刺6～7枚，略微弯曲；周刺12枚，针状。较老成株侧生花座被白色或乳白色绵毛及红色刚毛。花于夜间开放于茎边侧或侧花座，漏斗状，白色。

[**习性**] 夏型种，习性强健，喜强光，喜含石灰质的沙壤土。冬季应保温并保持土壤干燥。

[**繁殖**] 可播种、扦插或嫁接繁殖。

龙神木属 *Myrtillocactus* Console

　　龙神木属属名*Myrtillocactus*来自杜鹃花科一种乌饭树属植物越桔（*Vaccinium myrtillus*）的种名，因本属植物的浆果与越桔浆果类似。

　　龙神木属原产于墨西哥和危地马拉，现世界各地均有种植。以其蓝绿色茎干、多样的分枝深受爱好者喜欢。该属通常为肉质灌木或小乔木，茎和分枝圆柱状，灰绿色或蓝绿色，常被白粉。茎上具棱5～6，棱上小窠具刺不一。花着生于茎中上部或上部小窠周边，漏斗状，白色或淡黄绿色。果小型，球状至椭圆球状。

　　龙神木属4种。

龙神木 *Myrtillocactus geometrizans* (Martius) Cons.

　　龙神木，也称龙神柱，种名*geometrizans*意为"对称的"，指的是本种棱距均匀，棱对称。

　　[**产地**]原产于墨西哥中部，现世界各地均有种植。它也是近些年来国内流行的柱状仙人掌之一，很多爱好者或商家常用于家居盆栽或商店装饰品。除了观赏之外，它还是良好的砧木物种。

　　[**形态**]植株常见灌木状，肉质茎多分枝，茎和分枝都为圆柱状，蓝绿色，常被白粉。茎上具棱6，偶尔5。棱上小窠着生周刺5枚，红褐色，后转为灰褐色；中刺1枚，黑色。花着生于茎中上部至上部，淡黄绿色。浆果初始绿色，成熟后蓝紫色。

　　[**习性**]习性强健，喜阳光充足，春夏可充分浇水促进生长，冬季需保持5℃以上温度。

　　[**繁殖**]可播种和扦插繁殖，目前常见扦插繁殖。

仙人阁 *Myrtillocactus schenckii* (J. A. Purpus) Britton et Rose

相较于龙神木，仙人阁的知名度就不那么大了，其株型飘逸大气，常让人想到"仙人抚我顶，结发受长生。"

[**产地**] 原产于墨西哥，如今世界各地均有栽培。

[**形态**] 常见灌木或小乔木，肉质茎柱状，多分枝，绿色至暗绿色。茎上具棱7 ~ 8。小窠着生于棱上，常具白色茸毛。小窠上着生中刺1枚，锥状，黑色；周刺6 ~ 8枚，黑色。花聚生于茎中上部或上部的小窠周边，白天开花，具香味，白色至浅黄绿色。浆果球形或椭圆状球形状，被小刺。种子黑色。

[**习性**] 夏型种，喜阳光充足，要求土壤排水良好。春夏季生长期应保证充足水分，冬季应保持干燥。

[**繁殖**] 播种或扦插繁殖，常见扦插繁殖。

大凤龙属 *Neobuxbaumia* Backeberg

由于原产地植株巨大，大凤龙属最早是被归纳在巨人柱属的，后来才被单独分属。这类原产于墨西哥东部和南部的仙人掌，现世界各地常见引种栽培。

大凤龙属植株通常为大型灌木或乔木状，分枝或不分枝；肉质茎柱状，浅绿色或绿色，老柱渐变灰绿色；茎上多棱，棱扁平。小窠着生于棱端，具中刺和周刺。花着生于植株中上部或顶部，漏斗状、圆柱状或钟状，白色、淡黄色、浅桃红色或红色。果卵形；种子肾形，黑色或淡褐色。

大凤龙属有9个种。

勇凤 *Neobuxbaumia euphorbioides* (Haw.) Buxbing ex Bravo

[**产地**] 原产于墨西哥的塔毛利帕斯、圣路易斯波托西和韦拉克鲁斯。现世界各地引种栽培。

[**形态**] 通常单生，肉质茎柱状，深绿色或蓝绿色，可高达5米以上。茎上具棱8 ~ 10。棱上小窠着生中刺1 ~ 2枚，黑灰色；周刺3 ~ 10枚，新刺银白色，老刺黑色或褐色。花着生于茎中上部的棱侧，狭钟状，粉红或淡红色。

[**习性**] 夏型种，习性强健，应注意多见阳光，冬季注意保暖。

[**繁殖**] 可播种、扦插繁殖。

大凤龙 *Neobuxbaumia polylopha* (DC.) Backeb.

[**产地**] 原产于墨西哥伊达尔戈州、克雷塔罗州和圣路易斯波托西州，如今随着园艺推广，世界各地均有栽培。在我国南北方均有繁殖，南方已实现露天种植。

[**形态**] 通常单生，肉质茎绿色或黄绿色，全株被黄色刚毛。茎上具棱22～40。棱上小窠着生中刺1枚，周刺4～9枚，黄色至褐色，随年龄增长变灰色。花着生于茎中上部或顶部，浅紫红色。果绿色，圆柱形。

[**习性**] 夏型种，喜充足阳光和疏松透气的肥沃土壤，生长较快。

[**繁殖**] 常见播种繁殖。

帝冠属 *Obregonia* Frič

　　帝冠属原产于墨西哥，属名*Obregonia*是为了纪念墨西哥的阿尔瓦罗·奥布雷贡（Alvaro Obregon），他是墨西哥的革命领袖，也是这个国家的第一任总统。帝冠属只有1种，即帝冠。有些植物学家认为帝冠属与岩牡丹属、乌羽玉属、菊水属都有较强的亲和力。

帝冠 *Obregonia denegrii* Frič et A. Berger

　　前面说过，早期仙人掌科有四大名种，而帝冠也是其中之一。因其株型奇特，与一般的仙人掌科植物迥然不同，故而成为爱好者青睐的物种之一。

　　[产地] 原产于墨西哥的塔毛利帕斯和奇瓦瓦沙漠，生于沟谷或沙漠的石灰岩土壤中。如今世界各地引种栽培。

　　[形态] 植株单生；具粗大萝卜根。肉质茎圆柱状或圆盘状，浅绿色或淡褐色，顶端具茸毛。茎上无棱，疣突三角形，呈螺旋状排列，紧密成莲座状，顶部渐尖。小窠着生于疣突的顶端，无刺或具刺3～5枚；刺灰白色。花着生于茎的顶端，漏斗状，白天开花，白色，具深色中脉。

　　[习性] 夏型种，喜排水良好的栽培基质，其余无特殊要求。

　　[繁殖] 常见播种、嫁接繁殖。

仙人掌属 *Opuntia* P. Mill.

　　仙人掌属也叫团扇属，是最早流入国内的仙人掌科植物之一，古籍上记载的仙人掌通常就是这个属的，而它也是大多数人所说的仙人掌。仙人掌属原产美洲热带至温带地区，属名来自古希腊城市名 opus。如今，世界各地均有栽培。而我国的诸多地域，都有该属的逸生种或归化种。

　　仙人掌属常见肉质灌木或小乔木，茎主干常见木质化，常分枝，分枝常呈扁平掌状，具稀棱或瘤突。分枝上散生小窠，小窠具绵毛、刚毛。小窠上着生数量不一的刺。生长初期具圆锥状叶，后脱落。花着生于枝上部至顶端的小窠内，漏斗状、钟状或圆柱状，黄色、橙色至红色。果球形、倒卵球形或椭圆球形。种子黑色，肾状椭圆形至近圆形。

　　仙人掌属约180个种。

胭脂掌 *Opuntia cochenillifera* (L.) Mill.

　　[**产地**] 原产于墨西哥的物种，现世界热带地区广泛栽培，在印度、夏威夷、澳大利亚等地归化。我国各省常见栽培或归化。

　　[**形态**] 常见肉质灌木或小乔木，圆柱状主干木质化；茎上具多分枝，末端分枝扁平，椭圆形、长圆形、狭椭圆形至狭倒卵形，无疣突，暗绿色至淡蓝绿色。小窠散生，具灰白色的短绵毛和倒刺刚毛，小窠上通常无刺，偶于老枝边缘小窠出现刺1～3枚，针状，淡灰色。叶锥状，绿色，早落。几乎全年开花，着生于枝上侧至顶端的小窠内，近圆柱状，红色。果椭圆球状，顶端常凹陷，果上具小窠，小窠上常着生刺或刚毛。种子多数，淡灰褐色。

　　[**习性**] 夏型种，习性强健，喜强光。对土壤要求不严，较耐干旱，生长季可酌情加大浇水量以促生长，冬季保持土壤干燥。

　　[**繁殖**] 可播种、扦插繁殖，常见扦插繁殖。

仙人掌 *Opuntia dillenii* (Ker-Gawl.) Haw.

是的，你没有看错，这是仙人掌科仙人掌属的仙人掌，一般说来，它就是你们在歌里、书里、生活里了解到的那种仙人掌。

[**产地**] 原产于美洲多地。如今世界广泛栽培。我国各地常见栽培，南方沿海地区常见露地栽培，在福建、台湾、广东、广西南部和海南沿海地区逸为野生，也被作为防护篱笆使用。

[**形态**] 肉质灌木；茎常丛生，具主干和多数分枝，主干常木质化，末端分枝扁平，宽倒卵形、倒卵状椭圆形或近圆形，边缘通常不规则波状，绿色至蓝绿色。小窠疏生，密生灰色短绵毛和暗褐色钩毛；小窠上着生刺1～20枚，针状，黄色，有淡褐色横纹。叶锥状，绿色，早落。花常于4～5月着生于枝侧至顶端的小窠，漏斗状，黄色，具绿色中脉。果倒卵球形，顶端凹陷，果上具小窠，小窠上常着生芒刺、倒刺、刚毛；果紫红色。

[**习性**] 习性强健，栽培容易。

[**繁殖**] 可播种或扦插繁殖，常见扦插繁殖。

梨果仙人掌 *Opuntia ficus-indica* (L.) Mill.

梨果仙人掌，也称无花果仙人掌、大型宝剑，是著名的果实可食用的仙人掌科物种。

[**产地**] 原产于墨西哥，如今世界各地广泛栽培和归化。东南亚很多地方都作为水果栽培，我国各地也常见栽培，在四川、贵州、云南、广西、西藏等地逸为野生。

[**形态**] 常见肉质灌木或小乔木，有时基部具圆柱状主干；茎具多数分枝，末端分枝扁平，宽椭圆形、倒卵状椭圆形至长圆形，淡绿色至灰绿色。掌状分枝上具多数小窠，小窠具短绵毛和少数黄色钩毛，通常无刺，偶见1～6枚白色针状刺。叶锥形，绿色，早落。花着生于枝侧至顶端的小窠内，漏斗状，深黄色或橙黄色。果椭圆球状，顶端凹陷，橙黄色至紫红色，外面被钩毛和刺；种子多数，肾形。

[**习性**] 夏型种，习性强健，春、夏、秋季都是生长期，容易栽培。

[**繁殖**] 可播种和扦插繁殖，现以扦插繁殖为主。

黄毛掌 *Opuntia microdasys* (Lehm.) Pfeiffer

黄毛掌也叫金乌帽子，种名*microdasys* 意为小刺毛的，指本种茎节小窠上具细小钩毛。其色泽喜人，形态可掬，在国内也深受花友喜欢，通常作为盆栽种植，在很多超市都可以看见它的身影。

[产地] 原产于墨西哥的奇瓦瓦沙漠至伊达尔戈。现世界各地均有栽培。

[形态] 肉质小灌木；肉质茎丛生，匍匐或近直立；茎上具多数分枝，末端分枝扁平，倒卵形、长圆形至近圆形，淡绿色。茎上小窠密集，具多数金黄色倒刺刚毛，通常无刺。叶片圆锥状，黄绿色，早落。花生于茎上侧至顶端的小窠内，黄色，有的具红晕，漏斗状。

[习性] 夏型种，习性强健，喜排水良好的肥沃土壤。

[繁殖] 常用扦插繁殖。

单刺仙人掌 *Opuntia monacantha* (Willd.) Haw.

在厦门市园林植物园露天区的猴面包树下，有几株树状的仙人掌，很多游客来到这，都会讶异于其形态。而在2016年的莫兰蒂台风中，它们也被吹折，经工作人员抢救后又恢复了生机，但断折的枝干仍向大家展示着那一段经历——它们就是单刺仙人掌也叫单刺团扇。

[**产地**] 原产于巴西、巴拉圭、乌拉圭及阿根廷，现世界各地广泛栽培，在热带地区及岛屿常逸生；我国各省区有引种栽培，在云南、广西、福建和台湾沿海地区归化。

[**形态**] 常见肉质灌木或乔木状，具圆柱状木质化主干，主干上常具小窠，小窠上着生刺10～12枚。主干上茎节具多数分枝，扁平，倒卵形、倒卵状长圆形。扁平茎节上疏生小窠；小窠具灰褐色短绵毛、黄褐色至褐色钩毛和刺；刺针状，1～3枚，灰色，具黑褐色尖头。叶钻形，绿色或带红色，早落。花生于枝侧至顶端的小窠，漏斗状，黄色。果倒卵球形，顶端凹陷，初为绿色，成熟时紫红色，具小窠，小窠突起，具短绵毛和钩毛。

[**习性**] 夏型种。喜强光照，耐炎热、干旱、瘠薄，习性强健，管理粗放。

[**繁殖**] 常用扦插，嫁接繁殖。

仙人镜 *Opuntia robusta* J. C. Wendl.

在多肉植物区入口处的菊花芦荟丛中，生长着一种茎节形状如镜面一般的仙人掌，引人注目，它就是仙人镜，也叫大丸盆或强性团扇。

[**产地**] 原产于墨西哥高原中部，当地海拔较高，阳光强烈。其种名*robusta*意为"坚固的、强壮的或强健的"，指该植物茎节肥厚，习性强壮。

[**形态**] 常灌木状如树，可高达2～3米。扁平茎节呈圆形至椭圆形，犹如蓝绿色或灰绿色的镜子，表面常被白粉。茎节上小窠间距较大，常间隔4～5厘米，边缘有黑色短毡，中间有黄白色或褐色毡毛；小窠上着生刺8～12枚，长4～5厘米，白色或米黄色，基部黄褐色；初生植株窠腋下有时会长出0.5厘米长的锥状红色叶片，长大后脱落。通常4～5月开花，花黄色，着生于茎节边缘小窠上，长和直径都是5～8厘米，多为单性花。果球状至椭圆球状，初为绿色，成熟后紫红色。

[**习性**] 夏型种，喜沙质壤土，喜阳光充足。冬季保持土壤干燥的情况下，能耐0℃低温。

[**繁殖**] 虽然播种也可繁殖，但目前该物种大多以扦插繁殖为主。

珊瑚树 *Opuntia salmiana* J. Parm. ex Pfeiffer

[**产地**] 原产于巴西、巴拉圭、玻利维亚和阿根廷。如今世界各地均有见繁殖。厦门市园林植物园多肉植物区仙人掌展馆中作为盆栽展示。

[**形态**] 珊瑚树是仙人掌属中形态比较奇特的物种，形如其名，它的肉质茎灌木状，常具分枝，分枝圆柱状、细长，通常红色略带紫色，通体犹如海底的珊瑚。茎节上具小窠，小窠被白色茸毛，小窠上无刺或着生1～3枚刺，灰白色。花淡黄色。果实棍棒状，红色。

[**习性**] 夏型种，习性强健，喜阳光充足，冬季注意保暖。

[**繁殖**] 可播种、扦插繁殖，常见扦插繁殖。

刺翁柱属 *Oreocereus* (A. Berger) Riccobono

　　刺翁柱属原产于秘鲁南部、智利北部、玻利维亚南部、阿根廷北部，生长在安第斯山脉海拔3 000米左右地区。属名来自希腊语oros（山）和属名*cereus*（天轮柱属），意指这类植物是产在山地的仙人掌。植株常覆盖白色长毛，笔者猜测，这应与老乐柱属的长毛情况差不多，因适应气候而生长。

　　刺翁柱单生或丛生；肉质茎圆柱状，绿色；茎上具棱，棱脊在小窠或疣突间有明显下陷。棱上小窠被长白柔毛。花顶生或近顶生，管状或漏斗状，两侧对称，橙色、红色或紫色。果圆形或卵圆形，凹陷。

　　刺翁柱属有9个种。

白恐龙 *Oreocereus pseudofossulatus* D. R. Hunt

　　它长有如恐龙牙齿般尖锐的刺，身上被浓浓的白色长毛，它就是白恐龙。

　　[**产地**] 原产于玻利维亚。现美洲、亚洲有见栽培。

　　[**形态**] 单生或丛生，在植株下半部分枝，肉质茎圆柱状，亮绿色；茎上具棱10～13。小窠生于棱上，小窠上着生中刺1枚，周刺10～14枚，淡黄色或淡红色。小窠上同时着生密密麻麻的白色长绵毛，几乎将茎全部遮挡。花近顶生，管状，淡绿色、粉红色、红色。

　　[**习性**] 夏型种，国内栽培较少，要求排水良好的沙质土，喜充足阳光。春夏季为生长期，盛夏时期适当遮阴，冬季应保持10℃以上。

　　[**繁殖**] 可播种或嫁接繁殖。因其较难见结果，爱好者会对植株进行切顶，促进子球生长，而后进行嫁接。

髯玉属 Oroya Britton & Rose

髯玉属，或叫须玉属，原产于秘鲁。属名 Oroya 取自秘鲁的城市拉奥罗亚（La Oroya）。

髯玉属常具块根；肉质茎扁球状至圆柱状；棱有时分化成疣突。棱上小窠着生周刺多数，梳状排列；中刺 1 ～ 6 枚。花常形成花环状，钟状至漏斗状，黄色、粉红色或红色。

髯玉属约 2 个种。

丽髯玉 *Oroya peruviana* (K. Schumann) Britton et Rose

[产地] 丽髯玉也叫丽须玉。其原产于秘鲁中部地区，生长在奥罗亚州和库斯科州，分布在海拔 3 000 ～ 4 700 米的地区，当地紫外线强烈，昼夜温差大。

[形态] 植株通常单生，肉质茎扁球状或短圆柱状，常深埋在土中，亮绿色至蓝绿色。茎上具棱 12 ～ 35，棱常具缺刻或形成疣突。小窠着生在疣突顶端凹陷处，白色，长线形，被白色绵毛；小窠上具中刺 1 ～ 6 枚，常脱落；周刺 15 ～ 24 枚，梳状排列；刺淡黄色、红褐色至深褐色，刺尖常带红色。花环绕着生于植株近顶部，钟状至漏斗状，粉红色至洋红色。

[习性] 典型的高山型仙人掌类植物，喜充足阳光，昼夜温差大对其生长有利。

[繁殖] 可播种、嫁接繁殖。

摩天柱属 *Pachycereus* (A. Berger) Britton & Rose

从名字就可以看出，这是一类大型的仙人掌，该属所有植株成年后都极其雄壮高大。摩天柱属 *Pachycereus* 的名字来自希腊语 pachys（厚的）和 *cereus*（天轮柱属），意指摩天柱属是茎干粗壮的仙人掌。

摩天柱属原产于美国西南部和墨西哥北部。现世界各地引种栽培部分种类。本属都较大，肉质茎柱状，常见分枝，暗绿色或灰绿色。茎上具棱。小窠生于棱上。小窠上着生数量不等的刺，或随年龄增长而脱落。花着生于植株中上部或上部的棱上，通常夜间开放，短管状、漏斗形或钟形，白色或粉色。果肉质，长椭圆球状，密被茸毛和刚毛。种子头盔状，灰黑色。

摩天柱属 12 个种。

土人之栉柱 *Pachycereus pecten-aboriginum* (Engelm.) Britton et Rose

很多人都将"栉"读作"jié"，其实它的读音是"zhì"，第四声。

[**产地**] 原产于墨西哥及美国南部。如今世界各地栽培。

[**形态**] 茎肉质，柱状，直立，绿色、灰绿色或深绿色；棱上具棱 10～12。棱上小窠着生中刺 1～3 枚，灰色，顶端黑色；周刺 8～9 枚，银白色，锥状。花着生于植株上部或中上部，白天开放，白色。果圆球形，密布黄褐色茸毛和刚毛；果肉红色。

[**习性**] 夏型种，喜阳光充足，南方可露天栽培，北方地区通常在温室越冬。

[**繁殖**] 可播种或扦插繁殖。

武伦柱 *Pachycereus pringlei* (S. Watson) Britton & Rose

群落式种植的武伦柱，常给人以巍峨壮观之感。这是国内最流行的大型仙人掌之一，也是厦门市园林植物园首次完成规模化播种实生繁殖，并将它应用于室外景观，逐步推广开来。

[**产地**] 原产于墨西哥下加利福尼亚的索诺拉沙漠，如今世界各地均有栽培。

[**形态**] 肉质茎柱状，具分枝，可高达12米或以上，蓝绿色至暗绿色，老时灰绿色；茎上具棱10～20。棱上小窠密集，常被灰色短绵毛；小窠上着生中刺1～3枚，周刺7～10枚，灰色或白色；幼苗期刺顶端红色，后逐渐转为黑色。花着生于植株中上部或顶部，漏斗状，白色。果球形，表面被褐色的毡毛和刚毛；种子黑色，椭圆形。

[**习性**] 夏型种，习性强健，在不同地区，只要有充足阳光，温度不过低，都能生长良好。

[**繁殖**] 可播种或扦插繁殖。

上帝阁 *Pachycereus schottii* (Engelm.) D. R. Hunt

相比土人之栉柱和武伦柱，上帝阁在摩天柱属里知名度不高。

[**产地**] 原产于墨西哥的下加利福尼亚、锡那罗亚、索诺拉和美国的亚利桑那州，如今美洲、亚洲均有栽培。

[**形态**] 肉质茎柱状，常分枝，黄绿色。茎上具棱4～13。棱上小窠着生中刺1～3枚，周刺3～15枚，灰色。成年植株茎的顶端会形成假花座，上面着生大量鬃毛状的刺，刺灰色，弯曲，如老人的胡须一般，所以也被称为"寿老人"。花着生于植株顶端，漏斗状，白色或粉色。浆果圆球形，红色。

[**习性**] 夏型种，春夏季为生长期，可适当多浇水，冬季应保持干燥和保暖。

[**繁殖**] 可播种或扦插繁殖。

锦绣玉属 *Parodia* Spegazzini

　　锦绣玉属原产于南美洲东部，玻利维亚、巴西、巴拉圭、乌拉圭和阿根廷。属名 *Parodia* 是为了纪念阿根廷植物学家L.R.Parodi博士。

　　锦绣玉属如其名字，花似锦，球如玉。其植株单生或群生，肉质茎圆球状至短圆柱状；具棱，或棱分化为疣突状。棱上小窠常被浓密的绵毛，刺少或多，形式多样。花通常着生于顶部或近顶部，簇生，漏斗状至钟形，花色鲜艳，黄色、橙色或红色。果实球状、圆柱形或棒状，通常表面具刚毛。

　　锦绣玉属约66个种。

白雪光 *Parodia haselbergii* (F. Haage ex Rümpler) F. H. Brandt

　　白雪光，也被称为白雪晃，是当前流行的小型仙人球之一。种名*haselbergii*是为了纪念Haselberg。

　　[产地] 原产于巴西的南格兰德和圣卡塔琳娜。现美洲、欧洲、亚洲常见栽培。

　　[形态] 植株单生或群生；茎肉质，扁圆球状、球状至圆柱状，亮绿色；茎上棱30 ~ 60，分化呈疣突状。棱上小窠着生中刺3 ~ 5枚，周刺20 ~ 60枚，白色至微黄色，密集的刺将茎覆盖隐藏。花着生于植株顶端，漏斗状，橙黄色、橙红色或红色。在我国，这种小型球以其雪白的外形、灿烂的花朵深受爱好者们喜欢。

　　[习性] 夏型种，但主要生长季是春末夏初，在夏季生长不旺。喜阳光充足，应选用排水良好的肥沃土壤。

　　[繁殖] 可播种、嫁接繁殖。

金晃 *Parodia leninghausii* (Haage) F. H. Brandt

金晃由于其形态可掬，被很多爱好者或商家生动地称为"金丝猴"。种名*leninghausii*是为了纪念Leninghous。

[**产地**] 原产于巴西。现世界各地均有栽培。

[**形态**] 植株初为单生，随着年龄的增长，从基部分枝并聚集成群生；茎球状至圆柱状，绿色；茎上具棱30～35。棱上小窠紧密排列，小窠上具中刺3～4枚，周刺15～20枚或更多；刺苍白色、深黄色至棕色，稍弯曲，毛状。花簇生于植株近顶部，漏斗状，柠檬黄色。

[**习性**] 夏型种，喜温暖干燥气候，生长期在春夏，应需给予充足光照和水分。秋季开始减少浇水，冬季应保持几乎完全干燥。

[**繁殖**] 可播种、分株和嫁接繁殖。

英冠玉 *Parodia magnifica* (F. Ritter) F. H. Brandt

英冠玉也是国内当前流行的仙人掌科植物之一，在很多超市都可见到作为盆栽出售的英冠玉。

[**产地**] 原产于巴西、巴拉圭、乌拉圭和阿根廷的小型仙人球，如今在世界各地均有栽培。

[**形态**] 植株初为单生，后形成群生；茎球状或圆柱状，蓝绿色，顶部密生白色茸毛。茎上具棱10～15，小窠上具中刺8～12枚，针状，褐色；周刺12～15枚，金黄色，毛状；密布的刺几乎遮掩球体。花簇生于植株顶部，漏斗状，黄色。果球形，粉红色。

[**习性**] 夏型种，喜阳光充足，夏季正午遮阴，冬季保持干燥，气温保持0℃以上即可越冬。

[**繁殖**] 可播种、分株或嫁接繁殖。

青王丸 *Parodia ottonis* (Lehm.) N. P. Taylor

[**产地**] 原产于巴西南部、乌拉圭、阿根廷东北部和巴拉圭南部，现美洲、欧洲、亚洲均有栽培。

[**形态**] 植株初为单生，后成丛生；茎球状至圆柱状，深绿色或蓝绿色，在冬季变成深紫色至栗色；茎上具棱6～12。棱上小窠着生中刺1～6枚，淡黄色、褐色至红褐色；周刺4～15枚，白色、黄色、淡玫瑰色或褐色。花着生于植株顶部，钟形，黄色或橙色。

[**习性**] 夏型种，习性强健，喜温暖、充足阳光和疏松透气的肥沃土壤。

[**繁殖**] 可播种、分株或嫁接繁殖。

金冠 *Parodia schumanniana* ((Nicolai) F. H. Brandt

[**产地**] 原产于巴西、巴拉圭和阿根廷东北部的米西奥内斯省、圣安娜省。现美洲、欧洲、亚洲均有栽培。

[**形态**] 金冠的形态如它的名字，就像古代的金制皇冠一般。其植株单生或丛生，茎球状至圆柱状，亮绿色至深绿色。茎上具棱21～48。棱上小窠具中刺0～4枚，周刺4枚；刺金黄色、淡红色至棕色，后随年龄增大变为带灰色。花着生于植株顶端，漏斗状；柠檬黄至金黄色。果球形至卵球形，褐色，表面具浓密刚毛。

[**习性**] 夏型种，习性强健，喜阳光充足，喜疏松透气的肥沃土壤，昼夜温差大更有利其生长。

[**繁殖**] 可播种、分株或嫁接繁殖。

白小町 *Parodia scopa* 'Lanata'

很多人常将小町和白小町混淆，事实上，白小町是小町（*Parodia scopa*）的品种，也称为白闪小町。

[**产地**] 原产于南美洲巴西南部、乌拉圭、巴拉圭及阿根廷北部等地，常见生长在草原地区。

[**形态**] 通常单生，肉质茎球状，表皮深灰绿色，茎上具棱25～40，分化为小疣突状。棱上小窠着生中刺3～4枚，周刺35～40枚；刺白色，密布球体。花常于4～5月开放，顶生，漏斗状，黄色。

[**习性**] 夏型种，习性强健，喜充足阳光，喜疏松透气的肥沃土壤。

[**繁殖**] 可播种或嫁接繁殖。其形态喜人，生长速度快，现成为国内许多人喜爱的小型仙人球之一。

眩美玉 *Parodia werneri* Hofacker

[产地] 原产于巴西，如今在世界各地均有种植。

[形态] 通常单生，肉质茎扁圆球状，深绿色。茎上具棱12～16，棱宽，末端常分化为疣突。棱上小窠具周刺6枚，白色或灰白色；无中刺。花常于4～5月开放，着生于植株顶端，洋红色、酒红色至紫红色，具光泽。

[习性] 夏型种，习性强健，易栽培，因其花色绚丽，深受爱好者们喜欢。

[繁殖] 可播种、嫁接繁殖。

月华玉属 *Pediocactus* Britton & Rose

月华玉属原产于美国西部的科罗拉多高原等地。属名*Pediocactus*来自希腊语 pedion（平原）。由于种子发芽困难，植株生长缓慢，加上受到非法采集，该属大部分被列入了濒危物种，十分罕见。

月华玉属单生或丛生；茎圆柱状、球状或扁圆球状；绿色或灰白色；棱分化为疣突，疣突呈圆锥状或圆柱状。小窠上着生数量众多的刺。花着生于茎顶端小窠的边缘，漏斗状，黄色、洋红色至白色。果实圆柱形至圆球形，绿色或黄绿，成熟时呈红褐色。

飞鸟 *Pediocactus peeblesianus* (Croizat) L. D. Benson

［**产地**］原产于美国。现美洲、亚洲有见种植。

［**形态**］单生或丛生；茎扁圆球状至卵状，灰绿色。茎上棱分化为疣突，疣突上小窠着生中刺 0 ~ 1 枚，周刺 3 ~ 7 枚，白色或淡灰色。飞鸟需要种植 8 ~ 10 年才可开花，花于春季开放，着生于茎的顶端，乳白色、黄色至黄绿色。

［**习性**］在原产地深藏于土壤中，需较长时间光照，怕高温，耐寒，需要强烈的昼夜温差。种植相对困难，容易死亡。

［**繁殖**］可播种繁殖。

斧突球属 *Pelecyphora* Ehrenberg

　　斧突球属属名*Pelecyphora*来自希腊语pelekys（斧头）和phoros（样子），指本属植物疣突形状如斧头。斧突球属原产于墨西哥东北部，大多是濒危物种。

　　斧突球属单生或丛生，肉质茎球状或倒圆锥状，茎上棱分化为疣突，疣突斧头状、三角状，螺旋状排列。疣突顶端小窠具数量不一的刺。花着生于近顶端的疣突腋部，漏斗状或钟状，紫色或粉红色。果纺锤状。种子近球状。

　　斧突球属有2个种。

精巧丸 *Pelecyphora aselliformis* Ehrenb.

　　[**产地**] 原产于墨西哥的圣路易斯波托西州，是濒危物种，但栽培种在美洲及亚洲可见。

　　[**形态**] 具粗大萝卜根。肉质茎单生或群生。茎上棱分化为斧头状疣突，疣突上小窠着生细刺40～60枚，紧贴疣突梳子状对称排列，白色或灰白色——很多爱好者喜欢观赏它的疣突和刺，但有密集恐惧症的人千万注意，这些可能会引发你的不适，因为它们紧致排列，如趴在球体上的一只只介壳虫。花淡粉红色，漏斗状。果纺锤形，白色至绿色。

　　[**习性**] 夏型种，生长缓慢，喜充足而柔和的阳光，昼夜温差大可促进其生长。盛夏和寒冬都应控水。

　　[**繁殖**] 可播种、分株或嫁接繁殖。

银牡丹 *Pelecyphora strobiliformis*（Werdermann）Frič et Schelle ex Kreuz.

[**产地**] 原产于墨西哥的新莱昂州、塔毛利帕斯和圣路易斯波托西。现世界各地引种栽培。

[**形态**] 肉质茎球状或扁圆球状。茎短，疣突相叠倚靠在茎上，三角状，稍突起。小窠着生于疣突顶端，小窠上着生刺7～14枚，排列成梳状或齿状，白色或灰白色。花着生于茎的顶端，白色、粉色或洋红色。

[**习性**] 夏型种，需要充足阳光，盛夏适当遮阴，冬季注意保暖。

[**繁殖**] 可播种、分株及嫁接繁殖。

块根柱属 *Peniocereus* (A. Berger) Britton & Rose

　　块根柱属属名*Peniocereus*来自希腊语penion（线轴上的线），指的是该属植物花朵上具众多的细丝。原产美国西南部和墨西哥。

　　块根柱属有大型地下块根；茎直立或匍匐爬行，纤细。茎上具棱3～4。棱上小窠着生大小一致、数量不一的刺。花顶生或侧生，夜间或白天开放，通常大型，白色、浅粉色或淡紫红色。浆果梨形，具刚毛或刺。

　　块根柱属18个种。

块根柱 *Peniocereus maculatus* (Weing.) Cutak

　　块根柱是比较少见的一类仙人掌，甚至很多人觉得它不像仙人掌科植物。

　　[产地] 原产于墨西哥。现世界各地均有栽培。

　　[形态] 块根柱如其名，具有肥大的块根。茎直立，暗深绿色，有时带紫色。茎上具棱3～4。棱上小窠着生中刺1～2枚，周刺7枚，红褐色至灰色。花顶生或侧生，夜间开放，浅粉色。

　　[习性] 厦门市园林植物园2015年引入块根柱，置于资源区进行种植观察，其习性强健，喜强光。对土壤要求不严，但建议使用疏松透气的土壤。春夏生长季节可加大浇水量以促其生长，冬季保持盆土干燥。

　　[繁殖] 可播种或扦插繁殖。

叶仙人掌属 *Pereskia* P. Miller

　　叶仙人掌属原产热带美洲，分布区北起墨西哥南部和西印度群岛，南至阿根廷北部和乌拉圭。这是较原始的仙人掌科植物，根据植物学家推断，在安第斯山脉未形成之前，大多数仙人掌科植物都是这种状态。属名是为了纪念法国植物学家 Pereskia N.F.C. de Peirrsc。

　　叶仙人掌为攀缘灌木或小乔木；茎圆柱状，嫩茎微肉质，老茎木质化，分枝多。茎和枝上被密集的刺。该属植物叶片丰厚亮泽，具柄，休眠期常落叶。叶腋下丛生锐刺，刺座不具钩毛。花单生或集成圆锥花序，白色、粉红色、红色或橘黄色。果实球状或梨状，肉质。种子大，黑色。

木麒麟 *Pereskia aculeata* P. Mill.

　　"水晶帘动微风起，满架蔷薇一院香。"在厦门市园林植物园的多肉植物区，常可见开花的木麒麟，清香怡人，而在森林性多肉植物展馆中，木麒麟的花叶变种美叶木麒麟（*P. aculeata* var. *godseffiana* Mill.），更是让人赏心悦目。

　　木麒麟也被称为叶仙人掌。种名 *aculeata* 意为具皮刺的，指本种具刺。

　　[产地] 原产于中美洲、南美洲北部及东部和西印度群岛。如今世界各地均有栽培。因其适应性强，我国常见温室栽培，在福建南部半野生状态。在闽南地区走街串巷时，偶尔一抬头，也许你还能看到它。

　　[形态] 落叶藤本，茎圆柱状，基部主干灰褐色，分枝多数。茎上叶片肉质，卵形，宽椭圆形至椭圆形，绿色至灰绿色。小窠生于叶腋，具灰色或淡褐色茸毛；小窠上具刺，刺1～25枚，褐色。在厦门地区，花通常在10～11月于分枝上部开放，簇生，漏斗状，白色至淡黄色，具香气。浆果球状，初为绿色，成熟时淡黄色，果皮具刺。种子黑色。

　　[习性] 夏型种，生性强健，喜强光。对土壤要求不严，较耐干旱，但也喜欢温暖、湿润的环境；冬季保持盆土干燥。

　　[繁殖] 可播种、扦插繁殖，常见扦插繁殖。它也常被作为砧木物种。

樱麒麟 *Pereskia grandifolia* Haw.

仙人掌科植物中也有开花如樱花一般的物种，就是樱麒麟。

[**产地**] 原产于巴西。如今美洲、亚洲均有栽培，我国各地均有栽培，广东、福建、台湾等地露地栽培。

[**形态**] 灌木或小乔木，茎圆柱状，主干木质化，灰褐色，多分枝。枝上叶片椭圆形、长椭圆形至倒卵形，具叶柄。小窠生于叶腋，主干或老枝上具刺25～90枚，新枝上具刺0～8枚，叶柄长5～12毫米。花通常在5～8月开放于分枝上部，漏斗状，簇生，淡粉红色、粉红色至淡紫色，盛开时如蔷薇一般。果倒梨形，初为绿色，成熟时黄色。

[**习性**] 夏型种，生性强健，喜强光。对土壤要求不严，生长季节为春夏季，可酌情加大水肥管理力度，以促生长、多开花。冬季宜保持土壤干燥并保持温度。

[**繁殖**] 可播种或扦插繁殖，常见扦插繁殖。它也常被作为砧木物种。

蔷薇麒麟 *Pereskia sacharosa* Grisebach

如果说木麒麟是花香如蔷薇，那么蔷薇麒麟就是花艳如蔷薇。

[产地] 原产于巴西、玻利维亚、巴拉圭和阿根廷北部的物种，如今美洲、亚洲均有种植。我国广东、福建、台湾、云南等地有见栽培。

[形态] 小乔木或灌木。茎圆柱状，直立或披散，主干或见木质化，多分枝。茎上叶片倒卵形，小窠生于叶腋。主干或老枝上通常具刺25枚，新枝具刺0~5枚。花常于5~8月着生于分枝顶部，通常单生；粉红色或深粉红色，如蔷薇一般鲜艳。果倒梨形或近球形，初为绿色，成熟时黄色。

[习性] 夏型种，喜温暖气候，喜充足阳光，春夏生长期可适当加强水肥。冬季注意保暖，保持干燥。

[繁殖] 可播种或扦插繁殖，常见扦插繁殖。

麒麟掌属 *Pereskiopsis*

　　麒麟掌属属名来自希腊语opsis和appearance，意指有着类似叶的外观。该属原产于墨西哥南部、中部至危地马拉。麒麟掌属是仙人掌科植物中比较奇特的属，与大多数仙人掌科植物不同，麒麟掌属茎稍肉质，直立或多分枝，成株通常呈攀爬状、树状或灌木状，且具有叶子。叶椭圆形、圆形、匙形或卵形；叶扁平，肉质。茎干或叶腋着生小窠，小窠通常具毛；小窠上着生刺，刺单生至多数，通常直，针状，长度不等。花顶生或腋生，黄色、粉色至红色。花托常具毛和鳞片。

　　该属有8个种。

青叶麒麟 *Pereskiopsis diguetii* (F. A. C. Weber) Britton et Rose

青叶麒麟是当前国内使用最多的嫁接砧木之一。

[**产地**] 原产于墨西哥或巴西。

[**形态**] 肉质茎绿色至深绿色，具细毛；茎直立，成株呈灌木状，基部分枝，植株高1～2米。叶椭圆形至卵形，长2～6厘米，宽1～3厘米，先端渐尖，基部楔形，叶腋具细毛。茎干上分布小窠，小窠上着生众多芒刺和1～5枚细刺，并具白色毡毛。芒刺0.1～0.2厘米，白色；刺2～5厘米，灰色至黑色。花黄色。

[**习性**] 夏型种，生性强健，适应性极强，我国各地均有种植。它喜欢沙质壤土和阳光充足。

[**繁殖**] 目前以扦插繁殖为主，由于该物种大多被作为砧木用于嫁接，很少专门栽培大型成株，所以我们看到的都是矮小的幼株。

毛柱属 *Pilosocereus* Byles & G. D. Rowley

毛柱属属名*Pilosocereus*来自拉丁词pilsus，它是一种多毛的蜡状体，类似希腊语pilos（毡毛），意指这类植物在茎的顶端常见大量毡毛。毛柱属原产于墨西哥、加勒比海地区及大部分南美洲热带地区。如今世界各地均有种植。

毛柱属肉质茎绿色、灰色或蓝色，被蜡粉，常具分枝。具棱。棱上小窠具毡毛，近茎顶小窠被大量毡毛，形成近顶生或侧生假花座；刺多样。花着生于植株中上部，白色、粉红色或灰粉红色，管状或钟状。果球形或扁圆球形，红色。

毛柱属约36个种。

春衣 *Pilosocereus leucocephalus* (Poselger) Byles & G. D. Rowley

[**产地**] 原产于墨西哥和危地马拉南部，现世界各地均有栽培。在仙人掌植物展馆边侧，每逢晚春，春衣开出的美丽粉色花都会引人注目。

[**形态**] 肉质茎圆柱状，被白色蜡粉，茎蓝绿色至暗绿色；茎上具棱7～12。棱上小窠密被白色绵毛。小窠上着生中刺1～2枚，周刺7～12枚，刺淡黄色至浅棕色。中上部或近顶端小窠密被白色丝状毛，形成假花座；花常于4～5月着生于假花座位置，钟状粉红色。果球形，红色，果肉红色。

[**习性**] 夏型种，生性强健，喜强光，种植宜选用疏松透气的沙壤土。浇水时应注意不要直接喷淋柱体顶部毛刺以免影响其观赏性。冬季保持土壤干燥。

[**繁殖**] 可播种或扦插繁殖。

蓝衣柱 *Pilosocereus magnificus* (Buining et Brederoo) F. Ritter

如果正逢晴朗天气，到厦门植物园多肉植物区，可以见到路边一侧有群落式种植的仙人柱，蓝色的茎，金色的刺，在明媚的阳光下散发出绚丽的色彩——这就是蓝衣柱。

[**产地**] 原产于巴西东北部的米纳斯吉拉斯州。而今世界各地均有栽培。

[**形态**] 茎圆柱状，常具分枝，蓝色至灰蓝色，被白色蜡粉。茎上棱5～12。棱上小窠着生中刺8枚，周刺16枚，刺刚毛状，半透明，金黄色至棕色。中上部小窠被有白色丝状毛，形成假花座；花常簇生于此。果扁圆球形，红色，果肉洋红色。

[**习性**] 夏型种，习性强健，在我国南方地区可露天栽培。春夏生长季可适当多浇水。冬季保持干燥，注意保暖。

[**繁殖**] 可播种或扦插繁殖，目前以扦插繁殖为主。

丝苇属 *Rhipsalis* Gaertner

很多游客或者爱好者在见到丝苇后，都会惊讶这居然是仙人掌科植物。正如令箭荷花、昙花一样，丝苇从形态上看，确实与其他仙人掌类大不相同。

丝苇属属名*Rhipsalis*来自希腊语rhops（编织物），意指本属植物变态茎柔软交错。这类原产于美国、安哥拉、安提拉斯、阿根廷、伯利兹、玻利维亚、巴西、哥伦比亚等美洲国家的植物，如今风靡全球，常被用作悬挂式垂吊的家居植物。

丝苇属是附生植物，少数岩生；植株形态多变，下垂、匍匐、直立均有；肉质茎具节，形态多样，圆柱状、叶片状、三棱状和丝带状，边缘圆，有时具角、棱、翅。小窠有时顶生，部分小窠退化。刺通常退化，偶具少量刺。花小，辐射对称，通常白色或黄色。果小，浆果状，圆形，白色、黄色、粉红色、紫红色或红色，光滑。

窗之梅 *Rhipsalis crispata* (Haw.) Pfeiffer

如果说丝苇属在形态上与其他仙人掌科植物迥然不同，那么，窗之梅在丝苇属中，也是比较奇特的。

[**产地**] 原产于巴西的里约热内卢、伯南布哥和圣保罗等南部大西洋海湾。如今世界各地均有栽培。

[**形态**] 附生植物；肉质茎多分枝、分节，叶片状，扁平或具三条翅，边缘有缺刻。茎黄绿色或灰绿色。小窠被灰色毡毛，无刺。在闽南地区冬季开花，1～4朵簇生于小窠上，圆盘状，白色至黄色。果球形，白色。

[**习性**] 需要柔和的充足阳光及较高的空气湿度，通常除了盛夏及寒冬，其余时间都要经常喷水。

[**繁殖**] 以扦插繁殖为主。

手纲绞 *Rhipsalis pentaptera* Pfeiffer ex DC.

手纲绞也是一个比较奇特的丝苇属物种。

[**产地**] 原产于巴西的里约热内卢。现世界各地均有栽培。

[**形态**] 附生植物。肉质茎多分枝、多分节，茎圆柱状，具明显的棱——这与很多丝苇属的物种不同，棱3～7，直或多少旋转。小窠上无刺或具短刺1～3枚。花着生于茎节的顶部，单生或2～4朵成簇生于小窠上，白色或黄色。果白色至粉红色。

[**习性**] 喜湿润环境，高温季节应避免强光。

[**繁殖**] 以扦插繁殖为主。

 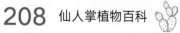

朝之霜 *Rhipsalis pilocarpa* Loefgren

朝之霜也称赤苇，名字很容易让人想起景天科流行的多肉植物：霜之朝。但这是两个完全不同的物种，无论科属还是形态特征均有很大区别。

[**产地**] 原产于巴西的米纳斯吉拉斯、圣埃斯皮里图、里约热内卢、圣保罗和巴拉那等地。现世界各地均有栽培。

[**形态**] 肉质茎圆柱状，多分枝、多分节，茎节常下垂；茎绿色，有时带紫色。茎上密布小窠，小窠上着生刺3～10枚，灰色至白色。短枝顶端有簇生的毛。花顶生，单朵，白色，喉部带紫红色。果球形，红色。

[**习性**] 在原产地生长于热带雨林边缘地区，气候较湿润。植株附生在大树的树干、树杈、树洞之处，腐殖质较丰富，光线较弱。而根据实践，这种植物也是喜阴的，干旱或强光照射时，肉质茎易呈红色。冬季应保持8℃以上。

[**繁殖**] 常用扦插繁殖，选择带有气生根的枝条作插穗。

仙人指属 *Schlumbergera* Lemaire

仙人指属也称蟹爪兰属，原产于巴西。该属属名*Schlumbergera*是植物分类学家Charles Lemaire为纪念法国一位仙人掌科植物爱好者Frederic Schlumberger。

蟹爪兰属是附生或岩生肉质植物；茎通常二歧分枝，多分节，茎节扁平，叶片状；老茎基部或呈现类圆柱状，木质化。小窠上刺短或无刺。花从茎节顶端成簇生出，紫色，红色，有时橙黄色或白色。浆果球形至倒圆锥形。种子肾形或半圆形。

仙人指属约7个种。

蟹爪兰 *Schlumbergera truncata* (Haw.) Moran

植物爱好者乃至比较注意年宵花摆设的人对蟹爪兰都不陌生，它花色多样、形态奇特，也被叫作锦上添花或圣诞仙人掌。它的种名*truncata*意为"截形的"，指的是本种茎节呈截形。

[产地] 原产于巴西，世界各地均有栽培。

[形态] 附生灌木状植物，多分枝、多分节。老茎常木质化；茎节扁平，叶片状；茎嫩绿色或带紫红色，边缘有2～4枚锐尖齿，顶端截形。小窠生于齿间腋内，通常无刺。花通常在12月至翌年1月从幼嫩茎节顶端生出，紫红色，红色或玫瑰红色。果球形，红色。

[习性] 适应性强，喜半阴环境，夏季适当遮阴。开花时置于较冷凉区域可延长花期，开花后会短暂休眠，应保持土壤干燥至顶端抽新芽。

[繁殖] 可播种、嫁接或扦插繁殖。自1818年被人们发现并栽培以来，蟹爪兰杂交品种已超过200个，花色极其丰富，甚至在一株嫁接植株上可同时开花百朵以上，极其壮观靓丽。

琥玉属 *Sclerocactus* Britton & Rose

琥玉属，也称白虹山属，是原产于墨西哥北部和美国南部的最令人印象深刻的小型仙人掌科植物之一，也是最难繁殖的仙人掌科植物之一。属名 *Sclerocactus* 来自希腊语 scleros（硬的，残忍的），指的是该种植物茎上令人生畏的钩形刺。

琥玉属植物通常单生，偶丛生。茎圆球状至圆柱状，具疣突或突出的棱。小窠上着生中刺 1～6 枚，有 1 或多枚钩状；周刺 2～11 枚；刺通常白色或灰色，有的黑色。花着生于茎的顶端，短漏斗状或钟状。果卵状、圆柱状、棍棒状或桶状。种子阔卵形，褐色或黑褐色。

琥玉属约 11 个种。

月之童子 *Sclerocactus papyracanthus* (Engelm.) N. P. Taylor

名字听起来很诗意，其实它是一种表面狰狞的小型仙人掌科植物。

[**产地**] 原产于美国的亚利桑那州和新墨西哥州。现美洲、亚洲均有栽培。

[**形态**] 通常单生，肉质茎圆柱状，暗绿色或灰绿色。茎上疣突圆锥状。小窠位于疣突顶端，其上着生中刺 1～4 枚，弯曲，纸质，扁平；周刺 6～8 枚；刺白色或灰褐色，几乎覆盖植株。花钟形，白色，具棕色的中脉。

[**习性**] 夏型种，生长缓慢，且较难养护，春夏生长季应适当加强光照，保持通风透气环境。盛夏和寒冬应节制浇水甚至断水。

[**繁殖**] 可播种、嫁接繁殖。

蛇鞭柱属 *Selenicereus* (A. Berger) Britton & Rose

　　仙人掌科蛇鞭柱属名 *Selenicereus* 来自希腊语 selene（月亮，月光），表示本属植物在月光下开花，即夜晚开花的仙人掌。原产于美国南部、墨西哥、加勒比海地区以及南美洲。世界各地均引种栽培。

　　蛇鞭柱属常为附生或岩生灌木，蔓生或攀缘，气生根多数；茎纤细，棱或翅2～12。小窠被短毛和细刺。刺短，刚毛状或毛发状，稀针状或无刺。花漏斗状至高脚碟状，夜间开放；白色、粉红色至水红色。果球形或卵形，肉质，常红色。种子卵形或肾形，亮黑色。

　　蛇鞭柱属约28个种。

夜之女王 *Selenicereus macdonaldiae* (Hook.) Britton et Rose

　　这个霸气的名字表示它在夜晚盛开的花巨大又美丽。很多人用铁丝或支柱将其绑扎成各种造型，在夜间开花时，别具趣味。果卵形，黄红色，果皮被刺。

　　[**产地**] 原产于洪都拉斯和乌拉圭。现世界各地均有栽培。

　　[**形态**] 植株攀缘或下垂，肉质茎圆柱状，亮绿色，常有紫晕；茎上具棱5～7，棱上具明显的扁平状疣突，棱上小窠褐色，刺少。花大，长达30～36厘米，直径22～26厘米；白色或灰乳白色，香味浓烈。

　　[**习性**] 习性强健，喜半阴环境。虽然长期喜温暖、潮湿，但冬季相对耐寒，越冬管理不难。

　　[**繁殖**] 可播种或扦插繁殖。

鱼骨蛇鞭柱 *Selenicereus anthonyanus* (Alexander) D.R. Hunt

鱼骨蛇鞭柱常被称为鱼骨令箭或鱼骨昙花，事实上这是个误区，它并不是令箭荷花或昙花。它的拉丁学名来自1950年6月发现本种的哈罗德·安东尼博士（Harold E.Anthony）。

[**产地**] 原产于墨西哥的恰帕斯州、瓦哈卡州、塔巴斯科州和韦拉克鲁斯州等海拔180～700米的地域。

[**形态**] 通常成簇分枝。肉质茎是扁平的，类似昙花，但两边有交替的突起如鱼骨一般。茎攀缘，通常向下弯曲。小窠上着生0～3枚短刺，花通常在晚春或初夏的夜间开放，漏斗状，粉色或红色，非常漂亮。花具香味。

[**习性**] 夏型种，在半阴处生长效果最好，但在全日照下也能生长。植株肥料较多时叶状茎生长茂盛，但却难以开花。冬季应保持5℃以上温度。

[**繁殖**] 可播种或扦插繁殖，目前以扦插繁殖为主。

多棱球属 *Stenocactus* (K. Schumann) A. W. Hill.

仙人掌植物展馆中，有一个多棱球属的群落，颇为奇趣。多棱球属属名 *Stenocactus* 来自希腊语 stenos（狭窄），意指具有很多狭窄棱的仙人掌。原产于墨西哥，现世界各地均有栽培。

多棱球属植株单生或丛生，球状、扁圆球状或圆柱状。茎上棱多数，棱脊窄且尖，常呈波状，幼苗时期偶具疣突。棱上小窠着生中刺匕状，粗大，向上弯曲，幅度不一；周刺较短，辐射状。花顶端开放，短漏斗状至钟状，白色、淡粉色或淡紫色，中脉浅棕色或紫色。果球状，灰绿色，略被鳞片。种子亮黑褐色。

多棱球属约10个种。

龙剑丸 *Stenocactus coptonogonus* (Lem.) A. Berger ex A.W. Hill

[**产地**] 原产于墨西哥的萨卡特卡斯州、圣路易斯波托西州、瓜那华托州、伊达尔戈州、哈利斯科，生长在半荒漠地区的火山岩或石灰岩土壤中。现世界各地均有栽培。

[**形态**] 植株单生或紧密丛生。茎球状或扁圆球状，蓝绿色至绿色，被白色蜡粉。茎上具棱10～15，棱脊呈宽波状，棱端偶呈疣突状。棱脊上小窠着生中刺3枚，宽扁平状，具横向条纹及褐色尾尖，向上弯卷；新刺淡红褐色至浅黄色，老刺灰色；周刺2～4枚，垂直于中刺向上弯曲。花顶生，白色至淡粉红色，具紫色中脉。果球形。

[**习性**] 夏型种，喜阳光充足、昼夜温差大环境，喜排水良好的肥沃土壤。

[**繁殖**] 可播种、嫁接繁殖。

缩玉 *Stenocactus multicostatus* subsp. *zacatecasensis* (Britton & Rose) U. Guzmán & Vazq.-Ben.

[**产地**] 原产于墨西哥的萨卡特卡斯州北部。

[**形态**] 茎球状或扁圆球状，浅绿色至绿色。茎上具棱50～55，棱薄，紧缩呈明显波浪状。棱上小窠着生中刺3枚，褐色，其中有一枚扁平状中刺最长，其余锥状；周刺5～10枚，针状，白色至灰色。花顶生，白色至浅粉红色，具紫红色中脉。

[**习性**] 夏型种，喜阳光充足、昼夜温差大环境，喜排水良好的肥沃土壤。夏季应注意通风，避免过于闷热。

[**繁殖**] 可播种、嫁接繁殖。

新绿柱属 *Stenocereus* (A. Berger) Riccobono

与多棱球属属名*Stenocactus*相似，新绿柱属属名*Stenocereus*来自希腊语stenos（狭窄），意指具有很多狭窄棱的仙人掌，这两个属名很容易混淆。

新绿柱属原产于美国西南部、墨西哥、中美洲、加勒比海地区、委内瑞拉和哥伦比亚。在形态上，新绿柱属完全不同于多棱球属，相比小型的多棱球，新绿柱属都是大型乔木状或灌木状仙人掌。肉质茎圆柱状，通常具分枝，暗绿色或灰绿色。茎上棱数量不一。棱上小窠被茸毛。通常具多数刺。花通常于夜间开放于茎的中上部，漏斗状或钟形。花被片外生小窠，具刺。果圆球形或卵形，初为绿色，成熟后变紫红或粉红色，表皮具刺；种子黑色，卵形。

新绿柱属约23个种。

朝雾阁 *Stenocereus pruinosus* (Otto) Buxb.

在多肉植物区的中心区域，有一个仙人柱群落，暗绿色的枝条交错穿插，在结果时还时常引来鸟类或昆虫啃食，很多游客都喜欢在它们周边拍照。它们就是朝雾阁。

［产地］原产于墨西哥的塔毛利帕斯、韦拉克鲁斯、普埃布拉、瓦哈卡和恰帕斯。如今世界各地均有栽培。

［形态］高达肉质灌木或小乔木，茎圆柱状，常具主干，茎上多分枝，暗绿色，顶部常被白色蜡质层。茎上具棱5～8，棱上小窠着生中刺1～4枚，周刺5～9枚；刺初始红色，随年龄增长变银白色或银灰色，末端黑色。花着生于植株中上部，漏斗状，白色，夹杂紫红色或暗红色。果球状，初为绿色，成熟后紫红色，表面具刺。种子黑色。

［习性］夏型种，极其强健，如今在我国南北方普遍栽培，有部分爱好者用它来作砧木。

［繁殖］可播种、扦插繁殖。

茶柱 *Stenocereus thurberi* (Engelm.) Buxb.

同样是新绿柱属的茶柱，在形态上，比朝雾阁更为笔直，分枝也相对少一些。

[**产地**] 原产于美国的亚利桑那和墨西哥的下加利福尼亚。如今世界各地均见栽培。

[**形态**] 与朝雾阁一样，茶柱也是大型灌木或小乔木状，无主干，肉质茎柱状，直立，具分枝，深绿色至暗绿色。茎上具棱12 ~ 19。棱上小窠着生中刺1 ~ 3枚，周刺7 ~ 11枚；刺褐色或亮黑色。花着生于茎中上部的小窠，白色。

[**习性**] 夏型种，习性强健，喜强光，较耐干旱，也耐贫瘠，但其在国内繁殖相对较少，在闽南地区已实现露天栽培。

[**繁殖**] 可播种或扦插繁殖。

近卫柱属 *Stetsonia* Britton & Rose

近卫柱属属名*Stetsonia*是为纪念纽约的律师、园艺爱好者Francis Lynde Stetson。该属仅有一个种，即近卫柱。

近卫柱 *Stetsonia coryne* (Salm-Dyck) Britton et Rose

在其原产地，巨大的主干上粗壮的分枝组成了雄伟的华冠，使得近卫柱一度被认为是仙人掌科植物的代表种之一。

[**产地**] 原产于阿根廷、玻利维亚、巴拉圭。

[**形态**] 乔木状，肉质茎圆柱状，高可达10米，蓝绿色；具主干，主干常木质化，主干上生出多根直立或上升的分枝；棱8～9。小窠着生于棱上，被白色绵毛；小窠上着生中刺1枚，周刺7～9枚，刺黄色至黑色。花着生于植株中上部，夜间开花，漏斗状，白色或粉红色。果球形，初始绿色，成熟时红色。种子褐色至黑色。

[**习性**] 夏型种，耐盐碱，喜阳光充足，干燥通风气候。闽南地区可露天种植。

[**繁殖**] 可播种或扦插繁殖。

菊水属 *Strombocactus* Britton & Rose

菊水属属名 *Strombocactus* 来自希腊语 strombos（螺旋形），意指这类植物的疣突螺旋状排列。菊水属仅 1 个种，即菊水。

菊水 *Strombocactus disciformis*

[**产地**] 原产于墨西哥，在产地由于采集和生态破坏，已逐渐成为濒危的物种，如今栽培种在亚洲地区极为流行。

[**形态**] 通常单生，偶有群生，肉质茎扁圆球状、球状或短圆柱状，绿色、暗绿色至灰绿色。茎表面棱由菱形疣突组成，螺旋状排列。疣突上小窠具刺 1 ~ 4 枚，灰白色，常见脱落。花顶生，短漏斗状，暗黄色至白色，喉部红色。

[**习性**] 夏型种，喜排水良好的石灰质土壤，喜充足阳光，盛夏适当遮阴有利生长。

[**繁殖**] 可以播种或嫁接繁殖。由于其生长缓慢，很多爱好者常用嫁接来促进生长。

纸刺属 *Tephrocactus*

　　纸刺属原产于阿根廷的萨尔塔、玻利维亚或高海拔的安第斯山脉，属名来源于希腊语 tephra（灰烬），意指它们具暗灰色的茎干。该属肉质茎绿色或蓝绿色，随着年龄增大逐渐变灰绿色或暗灰色，球状或圆筒状，茎末端常见新的生长枝，与原有茎干形成独特的分节，紧密排列。初生具叶，但一般脱落。茎上疣突具小窠，小窠常具毡毛，小窠上着生长短不一的刺。花期通常5～6月，花顶生，漏斗状，白色、黄色或红色。果实球状。

　　该属习性强健，耐贫瘠，喜强阳。可播种、嫁接或扦插繁殖。目前已知有6个种，经园艺推广后，种植面很广，经过人工培育，杂交变种很多。

黑弥撒 *Tephrocactus aoracanthus* var. *paediophilus* (Cast.) Backeb.

　　中文名听起来让人有点毛骨悚然，事实上，这是一种奇趣中带着可爱的小型仙人掌科植物，可能是日本园艺学家因其刺状及刺色奇特，故得此名。

　　[产地] 原产于阿根廷。

　　[形态] 植株单生或群生，肉质茎由球状、椭圆球状或圆柱状的茎节组成，直径4～5厘米，绿色至灰绿色。茎上分布近椭圆形疣突，疣突上着生4～5枚芒刺，灰白色至褐色，长5～15厘米，宽0.5～1厘米，扁平、直立或弯曲。

　　[习性] 耐贫瘠，耐强阳，有很强的适应能力。

　　[繁殖] 常见扦插及嫁接繁殖，现世界各地均可见栽培，尤以日本、中国居多。

武藏野 *Tephrocactus articulatus* (Pfeiff.) Backeb.

日本东京有一所武藏野大学，以佛教精神教书育人为理念，结合了传统历史和现代理念；而仙人掌科植物中，也有这么一个集古典与时尚于一体的物种，它也叫武藏野。

[**产地**] 原产于阿根廷的荒漠地带。

[**形态**] 植株单生或群生，肉质茎由球状、椭圆球状或圆柱状的茎节组成，高10～30厘米，茎节绿色、灰绿色至褐色，容易脱落。茎上密布近五边形疣突，或疣突被挤压成不规则图形。疣突上灰白色小窠着生芒刺1～4枚，纸质，白色、灰白色至灰褐色。

[**习性**] 夏型种，喜阳光充足，耐贫瘠，在厦门地区室外环境长势良好。冬季注意保暖。

[**繁殖**] 常见扦插及嫁接繁殖。

习志野 *Tephrocactus geometricus* (A. Cast.) Backeb.

[产地] 原产于阿根廷和玻利维亚边境海拔 2 000 ~ 2 200 米的红色、紫色的岩石和砾石之间，原产地极端干旱，完全暴露在炽热的阳光下。

[形态] 植株单生或群生，肉质茎由球状、椭圆球状或圆柱状的茎节组成，直径 4 ~ 5 厘米，绿色至蓝绿色，经阳光暴晒呈紫红色。新的生长枝是深紫色的。初生球体具少量叶，很快脱落。茎上小窠具白色毡毛，小窠上着生硬刺，长 0.5 ~ 1.5 厘米，白色至黑色，非常薄或稍粗壮，刺扁平，紧贴球茎向下弯曲；也见无刺。花于 5 ~ 6 月开放，花期短，通常只有 1 ~ 3 天。花顶生，长和直径都是 2 ~ 3 厘米，白色、黄色至浅粉红色，中间有深色条纹。

[习性] 极耐贫瘠，耐强阳，有很强的适应能力。春夏生长季需水量充足，冬季保持干燥。季节温差大能促进其开花繁盛。它也是当下最受仙人掌爱好者追捧的物种之一。

[繁殖] 常见扦插及嫁接繁殖，现世界各地均可见栽培，尤以日本、中国居多。

瘤玉属 *Thelocactus* (K. Schumann) Britton & Rose

瘤玉属属名*Thelocactus* 来自希腊语thele（乳头）和kaktos（仙人掌类），意指这类仙人掌植物疣突如乳头一样，但与乳突球属不一样的是，它们的疣突通常较大型。瘤玉属原产于美国和墨西哥。如今在欧洲、亚洲均有引种栽培。

瘤玉属植株单生或丛生；茎肉质，圆球状或圆柱状；具棱，垂直或螺旋状，或分化成疣突；疣突圆锥状或乳头状。小窠生于疣突上，有明显的凹槽；小窠上着生数量不一的刺。花着生于新生疣突顶端，白天开花，漏斗状，颜色多样，红色、紫红色、白色或黄色，花被管具鳞片。果短圆柱形，表面密布鳞片，初为绿色，成熟后变紫红色。种子黑色。

瘤玉属约12个种。

大统领 *Thelocactus bicolor* (Gal. ex Pfeiffer) Britton et Rose

在"五一"节前后到厦门市园林植物园的仙人掌植物展馆，游人可欣赏大统领开花的霸气与绚丽。大统领又叫赤色玉或两色玉，种名*bicolor*意为双色的，指本种刺基部及刺尖颜色不一。

[**产地**] 原产于美国和墨西哥。如今美洲、欧洲、亚洲均有种植。

[**形态**] 植株通常单生，偶见丛生；肉质茎球状或圆柱状，绿色、黄绿色至灰绿色；茎上具棱8～13，分化成疣突。小窠着生于疣突上，有沟纹。小窠上着生中刺1～4枚，周刺8～15枚，直立针状或稍微向内弯曲；刺基部与先端颜色不一样，有红色、黄色、白色至紫红色。花常于4～7月，着生于茎的顶部或近顶部，紫色或玫红色，具白金属光泽，微香。果圆柱形，黄褐色或绿褐色，被绵毛及刺状鳞片。种子黑色有光泽。

[**习性**] 夏型种，由于其习性强健，开花艳丽，现已成为常见的仙人掌科小型盆栽佳品。

[**繁殖**] 可播种、分株或嫁接繁殖。

天晃 *Thelocactus hexaedrophorus* (Lem.) Britton et Rose

[**产地**] 原产墨西哥的仙人掌科植物，如今欧洲、美洲、亚洲有栽培。相较于大统领，天晃的受众度较低。

[**形态**] 植株通常单生，肉质茎球状或扁圆球状，绿色至灰绿色。茎上具棱8～13，分化为疣突。小窠着生于疣突顶端，小窠上着生中刺0～3枚，直立，褐色或浅灰色；周刺3～7枚，直立或弯曲，淡褐色或白色，基部红色或褐色，具环纹。花于4～7月开放，顶生，漏斗状，白色、粉红色，具淡红色中脉。

[**习性**] 夏型种，喜充足阳光，夏季适当遮阴，冬季要求土壤干燥，气温保持5℃以上。

[**繁殖**] 可播种或嫁接繁殖。

鹤巢丸 *Thelocactus rinconensis* (Poselger) Britton & Rose

[**产地**] 原产于墨西哥，如今欧洲、美洲、亚洲均有栽培。

[**形态**] 植株通常单生，肉质茎球状或扁圆球状，浅灰色、蓝绿色或绿色。茎上具棱20～30，分化为疣突，疣突上小窠着生中刺0～4枚，周刺0～5枚；刺基部棕黑色，向上渐变灰白色或灰色、褐色或黄色。花常于5～7月开放，着生于茎的顶部，漏斗状，白色或浅橙红色，喉部淡黄色，有深色的中脉。

[**习性**] 夏型种，喜排水良好的肥沃土壤，喜充足阳光。

[**繁殖**] 可播种或扦插繁殖。

龙王球 *Thelocactus setispinus* (Engelm.) E. F. Anderson

它是瘤玉球属中最流行的物种，也是最典型的物种，由于其外形特殊，众多爱好者亲切地称它们为"左旋右旋"。

[**产地**] 原产于墨西哥。如今欧洲、美洲、亚洲均有栽培。

[**形态**] 植株通常单生，偶见丛生；茎球状或圆柱状，绿色、黄绿色、灰绿色或墨绿色；茎上具棱12～15，倾斜或扭曲呈螺旋状。棱上小窠着生中刺1～3枚，褐色、黄白色至红色，直立，钩状；周刺9～17枚，纤细，辐射状，白色、褐色或灰褐色。花常在4～6月开放，着生于植株顶部，漏斗状，黄色或橙黄色，喉部红色。果椭圆形，肉质，初为绿色，成熟后变橙红色。种子黑色。

[**习性**] 夏型种，习性强健，喜微酸性土壤，较耐贫瘠，有较强的耐寒性。

[**繁殖**] 可播种或嫁接繁殖。

姣丽球属 *Turbinicarpus*

　　姣丽球属属名来自拉丁语turbinatus和希腊语carpos，意指洋陀螺形植物。不得不说，日本园艺学家对这个属的属名取得很好，因为这类植物确实又娇小又美丽。

　　姣丽球属植株单生，具粗壮萝卜根。肉质茎球状，直径4～10厘米，顶部常见白色毡毛。肉质茎上棱通常分化为疣突，扁平三角状或锥状。疣突顶端小窠常具白色绵毛；小窠上着生刺，刺数量不一。花通常于3～5月开放，顶生，漏斗状，白色、浅黄色、橙黄色、粉红色、洋红色至红色。果实红色至紫红色。

　　姣丽球属现有24种。原产地为墨西哥北部，从科阿韦拉州南部至瓜纳华托。其第一个物种升龙丸（*Turbinicarpus schmiedickeanus*）由弗兰兹·布克斯鲍姆（Franz Buxbaum）和卡特·巴克伯格（Curt Backeberg）于1937年发现，并命名该属。该属物种生长缓慢，由于早期的大量采集，现已威胁到原产地的繁衍生息，所有物种都被列入了《华盛顿公约》。目前以园艺栽培来促进其繁殖。

赤花娇丽 *Turbinicarpus alonsoi* Glass & S. Arias

　　[**产地**]原产于墨西哥新莱昂或瓜纳华托，常见生长在多石的丘陵或陡峭的石灰质岩石斜坡上。由于非法收集，它一度成为极濒危物种。现园艺栽培种得到美洲、欧洲和亚洲推广，尤以日本、中国居多。

　　[**形态**]具粗壮萝卜根，肉质茎扁平球状，灰绿色或灰白色，直径6～10厘米，长5～10厘米。棱分化为疣突，螺旋状排列，略带棱角；疣突顶部小窠具毡毛，初为红棕色，后变灰色。小窠上着生刺3～5枚，长1～2厘米，扁平，灰色，尖端黑色，不规则向内弯曲。花着生于植株顶端，通常于4～6月开放，粉红色、洋红色至品红色，具深色中脉，长和直径都是2～3厘米。

[**习性**]夏型种，相当容易栽培，但生长非常缓慢。喜温暖干燥、通风透气环境和疏松透气土壤，喜中性或微碱性土壤。春夏生长季阳光直射利于刺的生长，但盛夏强阳时应适当遮阴；冬季休眠保持干燥，温度建议维持10℃以上。种植过程尽量少浇水，以免徒长。

[**繁殖**]以嫁接、分株及播种繁殖为主。

黑枪 *Turbinicarpus gielsdorfianus* (Werd.) John et Riha

[**产地**] 原产于墨西哥塔毛利帕斯州。现园艺栽培种主要分布于美洲、亚洲等地。

[**形态**] 植株通常单生，偶尔见群生。肉质茎球状或圆柱状，灰白色、蓝绿色至黄绿色，高5～10厘米，直径4～5厘米，顶端具白色毡毛。棱分化为疣突，锥状；较年幼的植物疣突具较陡的侧表面，较老的植株疣突趋于稍扁平。疣突顶端具小窠，小窠常具毡毛；小窠上着生周刺6～8枚，直立稍弯曲，长1～2厘米；通常无中刺，偶见中刺1枚，直立针状，长1～2厘米；刺底部白色，中部及尖端黑褐色至黑色。花着生于植株顶部，漏斗状，白色至浅黄色，具深色中脉。

[**习性**] 夏型种，喜温暖、干燥的气候，需要疏松透气的土壤，越冬时建议保持在0℃以上。

[**繁殖**] 以嫁接、播种繁殖为主。

精巧殿 *Turbinicarpus pseudopectinatus* (Backbg.) Glass et R. Foster

[产地] 原产于墨西哥科阿韦拉州的新莱昂州、圣路易斯波多西和塔毛利帕斯，产地常见沙砾质或石灰质土壤。物如其名，它确实是一种精巧漂亮的仙人球，现日本和中国常见栽培种。

[形态] 通常单生，具粗壮主根。肉质茎暗绿色，高3～4厘米，直径3～4厘米；茎上棱分化为短小疣突，锥状，疣突上小窠暗褐色，长椭圆形，具丝状白毛；小窠上着生白色刺，0.1～0.2厘米，白色，梳子状分布，很多人以为这些梳子状排列的结构是白毛，也有人觉得像介壳虫；很多人常将精巧丸与精巧殿混淆，其实相对于精巧丸，精巧殿的刺并没有那么紧密相连，它们相互之间有一定的间隙。花通常于3～4月开放，漏斗状，着生于植株顶部，常见1～5朵，粉白色、浅粉红色、粉红色至紫红色，中间有较深的中脉，品红或红棕色。

[习性] 夏型种，种植简单，但是生长极为缓慢。喜温暖干燥气候，喜阳光，盛夏适当遮阴，冬季休眠保持干燥，保持温度0℃以上。

[繁殖] 以嫁接、播种繁殖为主。

蔷薇丸 *Turbinicarpus valdezianus* (H. Moell.) Glass et Foster

[**产地**] 原产于墨西哥瓜纳华托、科阿韦拉、圣路易斯波多西海拔1 400 ~ 1 600米的石灰质岩石中。这一物种的主要生态威胁是非法采集和人类活动。

[**形态**] 它有细小的羽状刺，使植物的身体看不清。它通常是单生的，但有时也会形成几簇分枝。蔷薇丸通常单生，具有粗壮主根。肉质茎球状或圆柱状，高3 ~ 5厘米，直径1 ~ 3厘米。茎上棱分化为疣突，有较窄的基部，锥状，呈螺旋状排列。疣突上小窠淡黄色，小窠上着生25 ~ 30枚刺，白色，羽状，浓密到基本覆盖球体。花通常于2 ~ 4月开放，漏斗状，粉白色、粉红色或粉色，有较深的中脉，品红或红棕色。蔷薇丸与精巧殿有些相似，但最显著差别是蔷薇丸开花在植株中上部，甚至环绕开一圈，精巧殿开花在顶部。

[**习性**] 夏型种，生长缓慢，喜温暖、干燥气候，喜阳光强烈环境，但盛夏应注意适当遮阴，冬季保持干燥可短期忍受0℃以下低温。

[**繁殖**] 以嫁接、播种繁殖为主。

尤伯球属 *Uebelmannia* Buining

　　尤伯球属属名*Uebelmannia*是为了纪念瑞士的园丁Werner Uebelmann，他引入了许多有趣的南美仙人掌。尤伯球属原产于巴西，为保护植物。如今美洲、欧洲、亚洲均有种植。

　　尤伯球属植株通常单生。茎扁圆球状、球状、椭圆球状至圆柱状。茎上具棱多数，或分化成疣突状。小窠具毡毛，毡毛会随年龄增长而脱落。小窠上着生发达中刺，无周刺。花着生于茎的顶端，白天开花，漏斗状；花被管具浓密的褐色或白色的长毛和刚毛，具鳞片；花淡黄绿色或黄色。浆果球形、梨形至圆柱形，黄色或红色。种子黑色或红褐色。

　　尤伯球属有3种。

贝极丸 *Uebelmannia buiningii* Donald

　　贝极丸也叫贝氏尤伯球，由于非法收集、火灾和畜牧业，原生贝极丸正处于灭绝的边缘。在原产地，贝极丸很少有人种植成功，常嫁接在其他仙人掌上，在日本、中国却得到扩繁和推广。

　　[**产地**] 原产于巴西的米纳斯吉拉斯州海拔高度1 000～1 200米的石英砾石间。

　　[**形态**] 通常单生，它是尤伯球属植物中体型最小、开花最多的一个物种。茎球状至短圆柱状，绿色至深巧克力褐色，覆盖着微小的蜡状鳞片，高和直径5～10厘米。茎上具棱18，直，棱间距0.5～1.5厘米；棱上小窠具白色或灰白色毡毛；小窠上着生中刺4枚，长1～2厘米；周刺2～4枚，长0.5～1厘米。刺黄棕色、红棕色或灰白色，尖端黑色，稍弯曲。花漏斗状，鲜黄色，长2.7厘米，直径2厘米。花通常在4～7月开放，簇生于植株顶端，黄色。

　　[**习性**] 夏型种，生长缓慢，喜温暖、干燥气候，需充分日照，盛夏应注意遮阴，越冬时保持干燥。

　　[**繁殖**] 以嫁接、播种繁殖为主。

栉刺尤伯球 *Uebelmannia pectinifera* Buining

还记得土人之栉柱吗？可别忘了栉的发音。

[**产地**] 原产于巴西，现美洲、欧洲、亚洲有栽培。

[**形态**] 植株通常单生，肉质茎扁圆球状、圆球状至圆柱状，绿色、灰绿色、红色、红褐色或紫红色。茎上具棱13～40。棱上小窠紧密排列，沿棱两侧形成一条几乎连续的毡状线；小窠具灰色或褐色毡毛，随植株年龄增长而脱落。小窠上着生中刺1～4枚，淡灰绿色、深褐色或近黑色；无周刺。花着生于球体顶端或近顶端，漏斗状，淡黄色或浅黄绿色。

[**习性**] 夏型种，喜充足阳光，其在光线较强的地方容易变红。盛夏应适当遮阴，冬季注意保暖。

[**繁殖**] 可播种或嫁接繁殖，因其生长缓慢，很多爱好者喜欢嫁接繁殖。

附录　仙人掌科分属检索表

1a.存在具光合作用的叶。

  2a.叶宽而扁平，多少宿存。

    3a.叶片非肉质；侧脉明显 ·· 46.叶仙人掌属 *Pereskia*

    3b.叶片肉质；无明显侧脉 ·· 47.麒麟掌属 *Pereskiopsis*

  2b.叶通常小，圆柱状至钻形，无脉，通常早落，或宿存。

    4a.茎分枝圆筒状或球状。

      5a.茎分枝球状，植株小型；叶锥形 ······················· 57.纸刺属 *Tephrocactus*

      5b.茎分枝圆筒状，植株中大型；叶圆柱形 ········ 3.圆筒仙人掌属 *Austrocylindropuntia*

    4b.茎分枝扁平状 ··· 38.仙人掌属 *Opuntia*

1b.不存在具光合作用的叶。

  6a.附生或地生木本植物，稀为草本；茎多少伸长，主茎具2至多节。

    7a.附生或岩生植物；茎攀缘、披散、或下垂，有时具气根；无刺或刺不明显。

      8a.分枝具三角状或翅状棱，坚硬；小窠具1至少数粗短的硬刺；柱头裂片20～24

        ·· 27.量天尺属 *Hylocereus*

      8b.分枝圆柱形或叶状扁平，柔软；小窠无刺或具细刺；柱头裂片4~20。

        9a.花夜间开放。

          10a.茎叶状扁平；小窠无刺；花被片不被鳞片和毛·············

            ·· 17.昙花属 *Epiphyllum*

          10b.茎长圆柱形或叶状扁平而多裂；小窠具刺；花被片被鳞片和毛·············

            ·· 52.蛇鞭柱属 *Selenicereus*

        9b.花白天开放。

          11a.茎圆柱形或扁平，分节明显，茎节间短。

            12a.花侧生，长不超过2.5厘米；果小 ·············49.丝苇属 *Rhipsalis*

12b.花顶生，长3.0厘米以上；果较大 ······················· 26.念珠掌属 *Hatiora*

11b.茎圆柱形具棱，或叶状扁平，分节明显，茎节间长。

13a.茎不规则分枝或不分枝；茎节间长15厘米以上 ··· 13.姬孔雀属 *Disocactus*

13b.茎二歧式分枝；茎节间长不超过6厘米 ········· 50.仙人指属 *Schlumbergera*

7b.地生植物；茎圆柱状，直立，无气根；刺常明显。

14a.具块根；茎细长，直立或半直立、匍匐或爬行。

15a.茎具3～4棱或翅 ·························· 45.块根柱属 *Peniocereus*

15b.茎具4～12棱 ······························· 25.卧龙柱属 *Harrisia*

14b.不具块根；茎直立或斜升，不匍匐或爬行。

16a.植株不被毛；花被管裸露或被鳞片、绵毛、刚毛和刺。

17a 植株大型，分枝较高，乔木状或灌木，直径20～30厘米。

18a.花被管外无稠密的绵毛；果实仅有少量的刺 ······7.巨人柱属 *Carnegiea*

18b.花被管外被稠密的绵毛；果实被绵毛和长刚毛 41.摩天柱属 *Pachycereus*

17a.植株中型或小型，分枝较低，灌木状，直径在20厘米以下。

19a.花漏斗状或高脚碟状 ······························· 8.天轮柱属 *Cereus*

19b.花不为漏斗状或高脚碟状。

20a.果实具小窠，小窠被绵毛和刺 ···············54.新绿柱属 *Stenocereus*

20b.果实不具小窠，被毛和刺。

21a.花夜间开放。

22a.花大，开展，直径在12厘米以上，白色或粉红色····················
······························ 55.近卫柱属 *Stetsonia*

22b.花小，直径在7厘米以下。

23a.棱18或更多，花在近顶端侧生。

24a.棱疣突状；花漏斗状至管状 ······· 6. 青铜龙属 *Browningia*

24b.棱直，非疣突状；花圆柱形或钟形 ···························
·····························36.大凤龙属 *Neobuxbaumia*

23b.棱6，棱背钝三角形；花顶生 ······· 28.碧塔柱属 *Isolatocereus*

21b.花白天开放。

25a.棱 7 ~ 8；花黄色，近顶生 ························· 20.角鳞柱属 *Escontria*

25b.棱 5 ~ 6；花白色，聚生在小窠周边 ········· 35.龙神木属 *Myrtillocactus*

16b.植株被毛；花被管被松散的毛。

26a.植株具毡毛、绵毛和刚毛形成的假花座。

27a.假花座浅或下凹；花小，常簇生 ·········34.南美翁柱属 *Micranthocereus*

27b.假花座不下凹；花较大，常单生。

28a.假花座致密，绵毛长达 3 厘米，遮盖花被管和果实······21.老乐柱属 *Espostoa*

28b.假花座松散，绵毛较短，不遮盖花被管和果实·········48.毛柱属 *Pilosocereus*

26b.植株不形成假花座。

29a.花单生，数量大，生于茎的侧面·················9.管花柱属 *Cleistocactus*

29b.花生于茎的顶端或上部·················39.刺翁柱属 *Oreocereus*

6b. 多年生肉质草本植物，稀木本植物；茎球形至短圆柱形伸长，主茎单节。

30a.茎顶由绵毛和刚毛形成花座。

31a.花小或大，白天开花，花被管埋于花座内·················33.花座球属 *Melocactus*

31b.花较大，夜间开花，花被管伸出花座外·················12.圆盘玉属 *Discocactus*

30b.茎顶不形成花座。

32a.植株小型。

33a.茎无棱，无疣突，无刺·················5.松露玉属 *Blossfeldia*

33b.茎具棱，或具疣突。

34a.具棱 8 ~ 15，无疣突·················23.士童属 *Frailea*

34b.具棱，具扁平三角状或锥状疣突·················59.姣丽球属 *Turbinicarpus*

32b.植株较大型或中型。

35a.茎具明显的棱，或棱分化为疣突。

36a.花生于茎侧，或近顶端侧生。

37a.柱头绿色·················15.鹿角柱属 *Echinocereus*

37b.柱头黄色或白色，不为绿色·················16.海胆球属 *Echinopsis*

36b.花生于茎的顶端或近顶端。

38a.棱部分分化成疣突。

39a.花单生于茎的顶端。

40a.植株低矮，花白色 ………………………… 43.月华玉属 *Pediocactus*

40b.植株较大型，花黄色、红色 ……………… 19.极光球属 *Eriosyce*

39b.花成环状或簇生。

41a.中刺发达，钩状，有1根特别发达 ……… 51.琥玉属 *Sclerocactus*

41b.中刺形态相近，非钩状，顶端直。

42a.小窠生于疣突上，圆形至长圆形，有明显的凹槽，有的具蜜腺…

……………………………………… 58.瘤玉属 *Thelocactus*

42b.小窠生于疣突上，窄长条形，不具凹槽和蜜腺。

43a.小窠被浓密的绵毛；花簇生 ……………… 42.锦绣玉属 *Parodia*

43b.小窠窄长条形；花形呈花环状 …………… 40.髯玉属 *Oroya*

38b.棱不分化成疣突。

44a.植株较为大型；中刺粗壮，常具钩 ……… 22.强刺球属 *Ferocactus*

44b.植株中型或小型；中刺细或稍粗壮，不具钩。

45a.茎被卷毛；花艳丽，具金属光泽 ………… 2.星球属 *Astrophytum*

45b.茎不被卷毛；花不具金属光泽。

46a.花被管密被鳞片，鳞片先端尖，有时腋部密生绵毛………………

………………………………………… 14.金鯱属 *Echinocactus*

46b.花被管被鳞片或不被鳞片。

47a.棱明显，具有凹槽和小棱；刺1～3根，早落………………

…………………………………………4.皱棱球属 *Aztekium*

47b.棱明显，不具有凹槽和小棱；刺不落。

48a.花被管具浓密的褐色或白色的长毛和刚毛，具鳞片……………

…………………………………………60.尤伯球属 *Uebelmannia*

48b.花被管光滑或具鳞片。

49a.花被管被鳞片，鳞片光滑······················24.裸萼球属 *Gymnocalycium*

49b.花被管不被鳞片，或稍被鳞片。

  50a.茎顶端通常密生茸毛；茎被白蜡；棱较粗壮······················

  ······················ 10.龙爪玉属 *Copiapoa*

  50b.茎顶端通常不被茸毛；茎不被白蜡；棱细······················

  ······················53.多棱球属 *Stenocactus*

35b.茎不具棱，或棱不明显而疣突大型。

  51a.疣突不具棱。

  52a.植株无刺。

    53a.疣突扁圆；小窠具簇生密集的绵毛 ·················· 30.乌羽玉属 *Lophophora*

    53b.疣突三角形，顶端尖，排成莲座状；小窠结果多样，被绵毛或不被毛·········

    ······················ 1.岩牡丹属 *Ariocarpus*

  52b.植株多少具刺。

    54a.疣突螺旋状排列，圆锥状至圆柱状。

      55a.具中刺和周刺之分，中刺直、钩状或缺失 ······ 31.乳突球属 *Mammillaria*

      55b.无中刺和周刺之分 ·················· 18.月世界属 *Epithelantha*

    54b.疣突莲座状排列或螺旋状排列，三角形、梨形、斧状。

      56a.疣突梨形，常一边隆起，花簇生于疣突沟内 ··· 11.菠萝球属 *Coryphantha*

      56b.疣突三角形或斧形，花生于茎的顶端，或小窠边和腋部。

        57a.花生于茎的顶端。

        58a.疣突螺旋状排列，花短漏斗状，暗黄色、白色至粉紫色，喉部红色，

        被鳞片·················· 56.菊水属 *Strombocactus*

        58b.疣突莲座状排列，花漏斗状，白色，光滑 ····· 37.帝冠属 *Obregonia*

        57b.花生于疣突小窠边或腋部。

        59a.疣突长三角形；花着生于小窠边；刺纸质，波状弯曲··············

        ······················29.光山属 *Leuchtenbergia*

        59b. 疣突斧状；花着生腋部；刺针状 ·········· 44.斧突球属 *Pelecyphora*

  51b.疣突具不明显的棱，棱六角状 ·················· 32.白仙玉属 *Matucana*

参考文献

许民生, 谢维苏, 1991. 仙人掌类及多肉植物 [M]. 北京: 中国经济出版社.

王成聪, 2011. 仙人掌与多肉植物大全 [M]. 武汉: 华中科技大学出版社.

谢维苏, 王成聪, 2018. 中国多肉植物图鉴: 仙人掌科 [M]. 福州: 海峡书局出版社.

艾里希·葛茨, 格哈德·格律纳, 威利·库尔曼, 2007. 仙人掌大全: 分类、栽培、繁殖及养护 [M]. 丛明才, 付天海,
   覃红波, 等, 译. 沈阳: 辽宁科学技术出版社.

佐藤勉, 1996. 原色サボテン事典 [M]. 日本: 日本カクタス企画社出版部.

Edward F Anderson, 2001. The *Cactus* family[M]. Portland: Timber Press.

Joël Lodé, 2015. Taxonomy of the Cactaceae[M]. Cuevas del Almanzora, spain: Cactus-Adventures.

David Hunt, 2006. The new *Cactus* lexicon[M]. Milborne Pott:DH Books.

索　引

图书在版编目（CIP）数据

仙人掌植物百科/厦门市园林植物园组编．—北京：
中国农业出版社，2021.9（2024.6重印）
ISBN 978-7-109-28149-3

Ⅰ.①仙…　Ⅱ.①厦…　Ⅲ.①仙人掌科-普及读物
Ⅳ.①S682.33-49

中国版本图书馆CIP数据核字（2021）第068589号

中国农业出版社出版
地址：北京市朝阳区麦子店街18号楼
邮编：100125
责任编辑：国　圆　郭晨茜
版式设计：杜　然　责任校对：吴丽婷
印刷：北京中科印刷有限公司
版次：2021年9月第1版
印次：2024年6月北京第2次印刷
发行：新华书店北京发行所
开本：889mm×1194mm　1/16
印张：16.25
字数：400千字
定价：160.00元
